滑动摩擦副温度场模型研究及应用

魏　巍◎著

中国水利水电出版社
www.waterpub.com.cn
·北京·

内 容 提 要

本书以专门研究材料摩擦学特性的摩擦磨损试验机上接触界面温度信息获取方法为研究对象,结合试验和数值计算,重点对脂润滑的端面滑动摩擦副接触界面瞬态温度的获取方法进行了深入研究,主要内容包括:端面滑动摩擦温度场构建方案设计、端面滑动摩擦温度场测量系统结构设计、减小摩擦界面发射率对红外探头测温的影响、端面滑动摩擦温度场修正方法研究及模型建立、滑动摩擦温度场重建及应用等。

本书结构合理,条理清晰,内容丰富新颖,可供相关工程技术人员参考使用。

图书在版编目(CIP)数据

滑动摩擦副温度场模型研究及应用/魏巍著. --北京:中国水利水电出版社,2018.6(2024.8重印)

ISBN 978-7-5170-6745-0

Ⅰ.①滑… Ⅱ.①魏… Ⅲ.①滑动摩擦—温度场—模型 Ⅳ.①O313.5

中国版本图书馆 CIP 数据核字(2018)第 185590 号

书　　名	滑动摩擦副温度场模型研究及应用 HUADONG MOCAFU WENDUCHANG MOXING YANJIU JI YINGYONG
作　　者	魏　巍　著
出版发行	中国水利水电出版社 (北京市海淀区玉渊潭南路 1 号 D 座 100038) 网址:www.waterpub.com.cn E-mail:sales@waterpub.com.cn 电话:(010)68367658(营销中心)
经　　售	北京科水图书销售中心(零售) 电话:(010)88383994、63202643、68545874 全国各地新华书店和相关出版物销售网点
排　　版	北京亚吉飞数码科技有限公司
印　　刷	三河市元兴印务有限公司
规　　格	170mm×240mm　16 开本　10.5 印张　136 千字
版　　次	2019 年 2 月第 1 版　2024 年 8 月第 2 次印刷
印　　数	0001—2000 册
定　　价	50.00 元

前　言

摩擦热效应会引起接触界面温度升高,并在摩擦副中形成一个非均匀非稳定温度场,影响其摩擦学性能,导致机械零部件寿命的减少。由于摩擦热产生及传导受到诸多因素耦合影响,同时由于摩擦副相互接触且相对运动,使得测量和数值计算都很难获得较高精度的接触界面瞬态温度。因此如何获取滑动摩擦接触界面瞬态温度是摩擦学研究的重点和难点。

本选题来自于国家自然科学基金项目"基于红外热像的摩擦副三维温度场重构方法(51075114)"。本书以专门研究材料摩擦学特性的摩擦磨损试验机上接触界面温度信息获取方法为研究对象,结合试验和数值计算,重点对脂润滑的端面滑动摩擦副接触界面瞬态温度的获取方法进行了深入研究。主要研究工作如下:

(1)设计了以温度测量信息为边界条件的摩擦接触界面温度场构建方案;通过数值计算研究了摩擦过程中摩擦副环形接触界面上的温度分布,验证了以平均值代替多点测温的可行性;研制了红外测温系统,通过隔热结构解决了热脉冲对红外探头的干扰问题。

(2)提出了以接触界面辐射亮温和滑动接触界面最外侧温度研究含脂非高温接触界面发射率的方法,对一种材料五种试验条件下的摩擦接触界面发射率的变化规律进行了试验研究,实现了相应的滑动接触界面辐射亮温初步修正。

(3)以初步修正后的辐射亮温为接触界面边界条件,以红外热像仪测量得到的下试样侧表面温度为修正条件,实现了较高精度的接触界面瞬态温度场重建;通过重建后下试样侧表面计算温度与热像仪测量值的对比,验证了滑动接触界面瞬态温度修正的有效性和正确性。

(4)讨论了端面滑动摩擦温度场的演变规律,证明了摩擦过程中下试样侧表面的温度分布均匀,可以使用红外探头代替热像仪测量其平均温度;通过不同材料试样、不同试验条件下的测量和计算结果,建立了滑动接触界面过程温度与载荷、转速和摩擦系数以及下试样侧表面温度的线性回归方程,给出了端面滑动摩擦磨损试验机温度测量系统的构建方案。

本书的研究成果在端面滑动摩擦接触界面瞬态温度的获取方法上进行了一些有价值的探索和研究,为获取材料摩擦学特性与温度的关系研究奠定了基础。

本书的出版得到了华北水利水电大学高层次人才科研启动费项目(40557)、河南省研究生教育优质课程项目(豫学位〈2017〉21号)、河南省高等教育教学改革研究与实践项目(2017SJGLX006Y)、华北水利水电大学机械工程卓越教学团队项目支持,在此表示衷心的感谢。由于时间仓促和笔者水平有限,书中难免存在不足或疏漏之处,敬请同行专家和读者批评指正。

作 者
2018 年 5 月

目　录

第1章 绪 论

1.1 本书研究背景、意义及来源

随着制造业的发展,摩擦学知识及技术得到了越来越高的重视。根据 2006 年中国工程院对中国八个领域的一项调查,如果正确运用摩擦学的相关知识,每年可以节约约 3270 亿元人民币,相当于我国当年 GDP 总量的 1.55%[1]。滑动摩擦过程中,因摩擦所消耗的机械能约有 85%～95% 转化为热能[2-3]。摩擦热在接触界面及其亚表面产生,导致接触界面出现显著温升;同时,热量向四周传导并形成一个非均匀非稳定温度场[4]。这种高温及温度梯度会对摩擦副的摩擦学性能带来巨大的影响,例如构成摩擦副的材料会因此产生热疲劳裂纹、塑性变形、晶体化[5-7],以及导致润滑剂的性能蜕化等,在相当大的程度上决定了机械零部件的稳定性和使用寿命。因此,研究并掌握摩擦温度场(尤其是滑动接触界面)变化规律与摩擦副摩擦学特性之间的关系至关重要。

滑动摩擦热效应及其温度场受到载荷、滑动速度、摩擦力、表面形貌、摩擦副材料的属性、润滑条件以及摩擦副结构等因素的综合影响[8]。由于摩擦副在工作过程中处于运动状态,且互相接触,因此无论使用接触式还是非接触式测温都很难准确测量其接触界面的温度;而常用的数值计算方法将摩擦热流作为边界条件引入模型,需要进行大量的简化和假设,因而很难获得精度较高的瞬态温度场。因此,如何获取滑动摩擦接触界面瞬态温度场是摩擦学领域研究的重点和难点。

在国家自然科学基金资助项目"基于红外热像的摩擦副三维温度场重构方法(51075114)"的支持下,本书以摩擦磨损试验机上使用的端面滑动摩擦副为对象,主要研究获取摩擦副滑动接触界面瞬态温度的方法。

1.2 滑动摩擦温度场获取方法综述

图 1.1 所示为互相接触的固体表面相对滑动时热产生及传导示意图。

摩擦热主要来自于摩擦接触界面表层及其亚表层材料的塑性及黏弹性形变。物体实际表面并不是完全光滑的,摩擦副两表面的接触实际上是很多微凸体间的接触(尤其在接触应力并不是很高的情况下),摩擦产生的热通过这些接触点向两构件传导[9]。为了评估摩擦热及其温度场对摩擦学性能的影响,通常用闪温、体积平均温度和温度梯度等参数表征[10]。

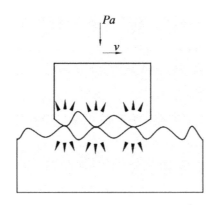

图 1.1 互相接触的固体表面相对滑动时热产生及传导示意图

Fig. 1.1 Schematic diagram of the generation and conduction of frictional

heat between contact sliding surfaces

目前,获取摩擦温度场主要依靠直接或间接测量、数值计算及结合测量数据的数值计算等方法。其中,由于闪温的特殊性质,以现有的技术很难测得,一般只能通过计算获得[9]。本书研究主要涉及体积平均温度和温度梯度两个参数。

1.2.1　滑动摩擦温度场测量方法现状

常见的摩擦温度测量方法主要有接触式测温和非接触式测温两种[11]。

1. 接触式测温

图 1.2 所示是一种典型的接触式测温方法,是应用最为广泛的摩擦温度场测量手段。

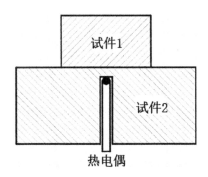

图 1.2　预埋热电偶测量摩擦温度示意图

Fig. 1.2　Pre-buried thermocouple for the measurement of frictional temperature

热电偶是最常见的接触式测温元件,具有结构简单、便于布置、测量精度较高、测温范围宽等优点。Jung[12]等人[图 1.3(a)]和 Békési[13]等人[图 1.3(b)]在研究盘式制动器和环-块摩擦制动器温升时,将热电偶埋入相对静止的制动块中靠近滑动接触界面的位置,实现了目标点温度测量。Parente[14]等人在对磨削加工温度场的测量中,将热电偶布置在静止工件靠近加工表面的位置。Aghdam[15]等人[图 1.3(c)]在研究往复摩擦副温升时,将热电偶布置在运动并不剧烈的下试样中,对摩擦界面亚表层位置温度实现了测量。近年来,随着无线发射技术的进步,也出现了用带有无线发射模块的热电偶测量高速运动件温度的应用,如Meresse[16]等人[图 1.3(d)]将若干热电偶及无线发射模块布置在高速转动的制动盘中,对其亚表层温度实现了测量,并反推研究了流向制动盘的热流。

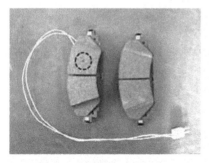

（a）热电偶预埋入制动块

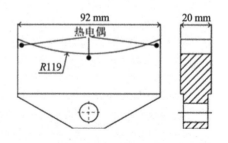

（b）热电偶预埋入制动块

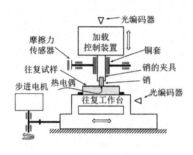

（c）有线热电偶预埋入运动下试样

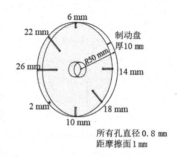

（d）无线热电偶预埋入制动盘

图 1.3　利用热电偶测量摩擦温度的几种典型方案

Fig. 1. 3　Several typical ways to measure the frictional temperature using thermocouple

综上所述,由于滑动摩擦界面极端复杂的物理环境(较高的压力和速度、磨屑)和化学环境(润滑脂),同时热电偶直接接触摩擦界面也会影响到摩擦副的摩擦学性能,因此热电偶只能测量得到亚表层的温度数据,而接触界面的温度则需要再依据热传导理论反推得到[13,17-20]。文献[21-23]还提到了薄膜热电偶在摩擦副温度测量中的应用:薄膜热电偶虽然可以布置在摩擦接触界面,但是还不能承受较大的载荷和相对滑动速度,因此,目前主要应用在齿轮轮齿表面等工况环境并不恶劣的场合[24]。

接触式测温元件需要与被测目标达到热平衡后才能准确反映其真实温度,因此在动态响应速度上有所欠缺,同时也会破坏被测元件本身的温度场。因此,接触式测温在摩擦温度测量中,尤其是在测量瞬态温度变化时,尚存在不足之处。

2. 非接触式测温

近年来,非接触式测温方法,如辐射测温法、光纤温度测量法等,在摩擦温度场测量中得到了广泛的应用[25]。其中,辐射测温法理论上不存在测温上限,具有测温范围广、响应速度快、不破坏被测温度场等优点,被广泛应用于摩擦温度场测量领域[26]。

任何温度高于绝对零度(−273.15℃)的物体表面都向外辐射能量。黑体在波长 λ 上的单频辐射能量可以由 Planck 定律计算得出[27]。

$$W_{b,\lambda} = \frac{2\pi h c^2 \lambda^{-5}}{\exp(ch/\sigma\lambda T)-1} \tag{1.1}$$

式中:$W_{b,\lambda}$ 表示单位面积上波长为 λ 的黑体辐射能;c 为真空中的光速;h 为 Planck 常数。

将式(1.1)曲线绘制成图 1.4,在一定温度下,可得黑体向外辐射能量 $W_{b,\lambda}$ 随着波长 λ 连续变化,并且温度越高,辐射越强。

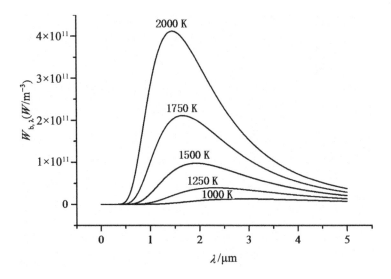

图 1.4 不同温度下黑体辐射频谱

Fig. 1.4 Spectrum black-body radiation in different temperatures

一般情况下，自然界中的物体不仅会吸收辐射能量，也会反射和透射，可以近似看作灰体。灰体辐射能与同等温度下的黑体辐射能有以下关系：

$$W_{g,\lambda} = \varepsilon W_{b,\lambda} \tag{1.2}$$

式中：$W_{g,\lambda}$ 为灰体的辐射能；ε 为表面发射率。

将式(1.2)引入式(1.1)并在所有波长上积分便可得到式(1.3)，即 Stefan-Bolzmann 定律：

$$\varphi = \varepsilon \sigma T^4 A \tag{1.3}$$

式中：φ 为辐射功率；T 为热力学温度；σ 为 Bolzmann 常数；A 为辐射表面的面积。

该式表明物体表面向外辐射能量的功率与其温度相关。因此，若可以测量得知物体的表面辐射能，便可根据式(1.3)反推出被测温度。

事实上，影响辐射测温精度的因素有很多，如背景温度、环境温度、大气环境辐射及表面发射率等。表面发射率与测量波长和被测目标表层(约几个微米厚)的温度、材料及表面状态(粗糙度、磨屑和润滑状态)等参数有关[28]。滑动摩擦接触界面的表面发射率是随着表面状态不断变化的，很大程度上影响了摩擦副接触界面红外测温的精度[29]。

国内外学者在遇到表面发射率问题时通常做如下几种处理：

(1)测量发射率较为稳定的非接触表面。这种方法测量的是摩擦副非接触表面，其本身或者经过处理(例如涂层或者喷涂发射率已知的涂料)后能够保持一个比较稳定的发射率。例如，Abbasi[30]等人在研究列车制动器的热弹性不稳定性时，将其简化为销盘式摩擦副，利用红外热像仪测量了侧表面的温度；Tzanakis[31]等人[图 1.5(a)]将热像仪放置在侧面，测量了 PTFE 与高碳钢组成的摩擦副(蜗杆式膨胀机)表面温度；Ray[32]等人[图 1.5(b)]使用热像仪观测销盘摩擦副中销的非接触端，并结合仿真对摩擦接触区域温度进行预测；本课题组[33]也在摩擦副非接触面上喷涂了发射率为 0.95 的哑光黑漆，并用热像仪观测了摩擦副侧表面温度。

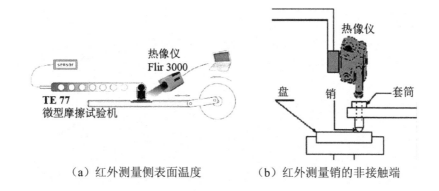

（a）红外测量侧表面温度　　　（b）红外测量销的非接触端

图 1.5　红外测量摩擦副非接触表面温度

**Fig. 1.5　Temperature measurement of non-contact interface of
friction pair using infrared method**

采用这种方案测量摩擦副非接触表面，由于不参与接触，表面状态几乎不发生变化，因此发射率稳定，获得的温度数据也比较可靠。这种方法不再考虑接触界面的发射率，直接由数值计算确定其接触界面的温度，多用于摩擦副相对温度的研究。

（2）由特殊材料制成摩擦副，以获取稳定的发射率。Rowe[24]等人［图 1.6(a)］和 Gulino[34]等人以透红外线的氟化钙（CaF_2）制成摩擦盘以及橡胶销钉（发射率稳定）组成销盘摩擦副为研究对象，利用热像仪观测了橡胶销钉的温度场及形变；Rouzic[35]等人［图 1.6(b)］使用三个蓝宝石圆盘，一个不做处理，一个单面镀铬（不反光，反射率低，发射率高），一个单面镀铝（发射率低），分别与钢球构成销盘式摩擦副，使用红外热像仪通过无镀层面观察摩擦温度，虽然后两种方案观测的是摩擦面的亚表层，但由于镀层极薄，也可近似认为测量的是摩擦接触界面温度。

这种方法虽然可以直接观测摩擦接触界面，但因 CaF_2 不能承受较大的载荷，所组成的摩擦副与实际摩擦副结构及状态（如存在润滑脂和润滑油）相差甚远，因此这种方法仅适用于实验室理论研究。

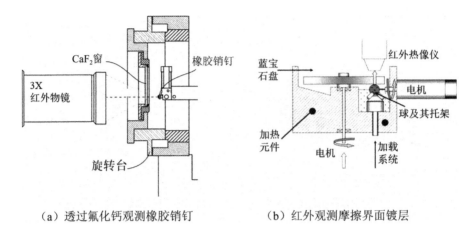

（a）透过氟化钙观测橡胶销钉　　　　（b）红外观测摩擦界面镀层

图 1.6　红外测量摩擦副接触界面

Fig. 1.6　Temperature measurement of contact surface using infrared method

（3）认为摩擦界面的发射率是固定值。研究者通常对摩擦副接触界面的发射率作了一定的研究，但最终测量的时候将其认为是一个固定值。例如，Panier[36]等人在对盘式制动器进行试验研究时，将热像仪的发射率设置为固定值 0.75；农万华[37]基于 Panier 的研究，在测量时同样认为制动盘表面发射率为 0.75。这种方法应用在高速滑动条件下，忽略发射率的变化有利于简化温度测量，但是只适用于研究摩擦盘面的温度分布和变化规律，并不能实现表面温度的精确测量。

（4）通过双色高温计结合其他单色红外测温元件研究接触界面的发射率。直接测量摩擦界面的温度，最常用的元件就是双色（比色）高温计。双色高温计是通过对比在两个不同波长的光波下测量得到的能量，来获取被测目标温度的，辐射能量之比是温度 T 的单调函数，而与被测表面的发射率无关[38]。

利用这种装备，还可以研究滑动接触界面的发射率变化。Thevenet[39]等人同时利用双色高温计及单色温度计（红外探头）测量了刚刚脱离摩擦的制动盘表面温度[图 1.7（a）]，得到的表面发射率变化趋势如图 1.7（b）所示；Kasem[40-44]等人使用双色高温计测量了脱离摩擦接触的制动盘表面温度，同时将热像仪也瞄准制动盘,对盘面的发射率变化进行了研究,如图 1.7(c)和图 1.7(d)所示。但受制于技术条件,双色高温计目前只能适用于 200℃以上的温度测量[45]。

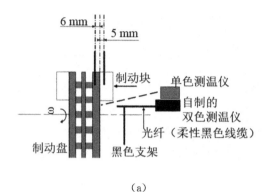

（a）

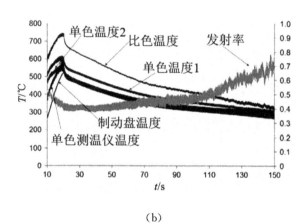

（b）

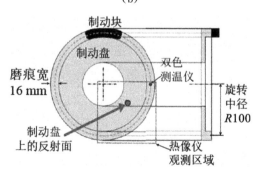

（c）

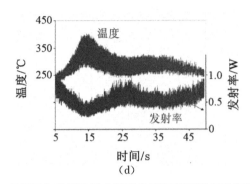

图 1.7　利用双色高温计研究制动盘摩擦界面温度及表面发射率

Fig. 1. 7　Research on the emissivity and temperature of contact interface of

brake disk using two-colour pyrometer

综上所述,无论是接触式测量还是非接触式测量,都很难准确地获得摩擦接触界面的温度。非接触式测温中,发射率问题是影响其测量精度的重要因素,目前的研究仅针对 200℃ 以上的干摩擦表面。而含脂非高温的滑动摩擦接触界面的发射率及其温度的获取尚待更深入的研究。

1.2.2　滑动摩擦温度场数值计算方法现状

若需要获取接触界面的温度、摩擦构件及其支撑件的温度场分布,或者需要研究摩擦热产生及传导的规律,常用的办法是数值计算。摩擦温度场的数值计算有两种目的:一是正计算,通过摩擦消耗的能量获得温度场;二是反推计算,通过非接触界面的温度信息获得流入摩擦界面的热量,继而构建摩擦温度场。

数值计算均基于固体内热传导控制方程,如式所示(假设物体内部没有热源):

$$\frac{\rho C_{\mathrm{p}}}{k} \frac{\partial T}{\partial t} = \frac{\partial^2 T}{\partial x^2} + \frac{\partial^2 T}{\partial y^2} + \frac{\partial^2 T}{\partial z^2} \tag{1.4}$$

式中,ρ、C_p、k 分别为材料的密度、比热容和导热系数。

对于传热问题的定解,通常涉及以下几种定解条件[46]:

(1)第一类边界条件。给定沿物体边界面上的温度分布,即

$$T = f(x,y,z,t), t > 0 \tag{1.5}$$

（2）第二类边界条件。给定导热物体边界面上的热流，即

$$q_\omega = -\lambda \frac{\partial T}{\partial \vec{n}} \mid f(x,y,z,t), t > 0 \tag{1.6}$$

其中，$\vec{n}$ 为边界面某点的外法线方向，若 $q = 0$，则边界绝热。

（3）第三类边界条件。给定导热物体边界面上的换热条件，即

$$-\lambda \frac{\partial T}{\partial n} \mid_{\bar{\omega}} = h(t_{\bar{\omega}} - t_f), t > 0 \tag{1.7}$$

式中：$t_{\bar{\omega}}$ 为物体边界面上的温度或壁面温度；t_f 表示物体边界上的环境温度；h 表示物体表面与周围环境换热系数。

（4）热辐射边界条件。不同于热传导和热对流，热辐射不需要通过介质进行传递，而是通过电磁波向外辐射。物体在向外辐射热能的同时也接受其他物体的热辐射能。研究表明，理想黑体向外辐射能量的速率与其绝对温度的四次方成正比。辐射边界的热流密度如下：

$$-\lambda \frac{\partial T}{\partial n} \bigg|_{\partial \Omega} = F_\epsilon F_G \sigma(T^4 - T_R^{\ 4}) \tag{1.8}$$

式中：T 为物体边界温度；T_R 为环境温度；σ 为 Bolzmann 常数；F_ϵ 为辐射率函数；F_G 为几何"视角系数"。

（5）初始条件。初始条件是热力学系统初始时刻的状态，是瞬态传热分析的基础，可以表述为

$$\begin{cases} T \big|_{t=0} = \varphi(x,y,z) \\ \forall (x,y,z) \in \Omega \\ \dfrac{\partial T}{\partial t} \bigg|_{t=0} = \varphi(x,y,z) \end{cases} \tag{1.9}$$

式中：Ω 为系统规定的域；$\varphi(x,y,z)$ 与 $\phi(x,y,z)$ 是随位置变化的温度函数。一般地，在初始状态都规定其初始温度为均匀常量。

1. 滑动摩擦温度场的正计算

只需要在摩擦接触界面上引入第一类边界条件或第二类边界条件就能完成温度场重建。而由于摩擦接触界面上温度信息

（第一类边界条件）难以获得，因此大多数研究者在研究摩擦温度场时仅加载第二类边界条件，即摩擦产生的热流。热流的计算都是基于 Blok[47] 和 Jaeger[48] 提出的摩擦热生成模型以及 Tian Xuefeng 和 Kennedy[49] 提出的改进模型进行计算。该模型认为对于滑动摩擦副，摩擦热量产生由式（1.10）计算获得

$$q(t) = \mu(t) P(t) v(t) \tag{1.10}$$

式中：$q(t)$ 为摩擦过程中产生的热流；$\mu(t)$ 为随时间变化的摩擦系数；$P(t)$ 为随时间变化的正压力；$v(t)$ 则为随时间变化的相对滑动速度。

根据图 1.1 所示的原理，摩擦产生的热会分别通过接触界面流向摩擦副两构件（实际上有一部分会由于接触热阻、磨屑及润滑脂的原因耗散掉），热流的分配比率通常由式（1.11）计算。

$$\frac{q_1(t)}{q_2(t)} = \sqrt{\frac{\rho_1 k_1 c_1}{\rho_2 k_2 c_2}} \tag{1.11}$$

$$q_1(t) + q_2(t) = q(t)$$

式中：$q_1(t)$、$q_2(t)$ 分别为流向两构件的热流；ρ、k、c 分别为两材料的密度、导热系数及比热容。

大多数学者将摩擦热流作为边界条件进行温度场计算研究。区别在于考虑的因素，例如是否考虑随时间变化的摩擦系数（很多研究中都将摩擦过程中的摩擦系数视为常数[10,50-53]）、载荷和速度，是否考虑随温度变化的材料参数（密度、导热系数及比热容）等。

Smith[54,55] 等人在研究中针对单个粗糙峰接触，建立有限元模型，研究了摩擦过程中闪温的计算方法。Yevtushenko[10,56-61] 等人在对三单元（双层材料构成的制动块、制动盘）盘式制动器温度场的一系列工作中，建立了制动器摩擦温度场计算模型，并分别在考虑变化的速度、不同的材料属性等一系列参数时，对制动盘温度场的计算方法进行了研究，其结果推动了制动盘温度估计和摩擦热在不同材料元件内的传导等研究。Coulibaly[62] 等人在考虑摩擦副接触表面粗糙度的前提下，研究了摩擦热的产生、分配及传导规律。Adamowicz 等人在文献[63]中针对盘式制动器，研究了

单次制动中非轴对称制动力影响下的温度场分布；文献[64]在盘式制动器多次制动条件下，研究了环境散热对摩擦温度场的影响。高诚辉、黄健萌[6,65,66]在一系列研究中，对粗糙界面滑动摩擦温度进行了数值计算，并且研究了表面粗糙程度对摩擦温度场及应力分布的影响。杨肖[67]等人对仿生制动盘面的温度及应力分布进行了数值计算，其结果对制动盘的散热设计有一定积极作用。

也有不少学者将数值计算得来的温度与实测数据进行了对比。如 Békési[13]等人将环-块制动器制动块上的三处测量数据（使用热电偶测得）与数值计算结果进行对比，得到了如图 1.8(a)所示的结果；Abbasi[30]等人在不同环境温度下对销盘摩擦副进行了热机耦合数值计算，并通过热像仪对其计算的温度场进行了比较，得到了如图 1.8(b)所示的结果。可见这种数值计算方法与试验数据在评估平均温升上有较高的一致性，但是在表示动态变化时，尚存在较大误差[8]。

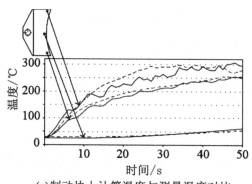

(a)制动块上计算温度与测量温度对比

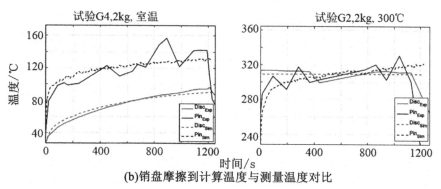

(b)销盘摩擦到计算温度与测量温度对比

图 1.8　温度计算值与测量值差异（虚线为计算温度，实线为测量温度）

Fig. 1.8　The difference of simulation temperature and experimental temperature

此外，笔者所在的研究小组[33,68-70]也将数值计算的结果与实测结果进行了对比，得到了类似的结论。

实际上，摩擦所消耗的能量不仅会转化为热能，还有一部分能量会以振动、光能等耗散。而式（1.10）在计算摩擦热流时，认为摩擦消耗的能量全部转化为热能；而式（1.11）在计算摩擦热流分配时认为其只与材料的热物理性质有关，但实际上还与其他参数相关，例如 Yevtushenko[71]等人就对九种不同的热流分配公式进行了对比研究。

若能获取滑动摩擦接触界面上的温度，便可以将其作为第一类边界条件引入模型重建温度场，获得精度更高的摩擦瞬态温度场。

2. 滑动摩擦温度场的反推计算

结合摩擦副非接触界面的温度数据，利用热传导理论也可以反推摩擦接触界面的温度，进而重建温度场。这属于传热学的反问题（Inverse Heat Transfer Problems）：根据传热系统已知的部分温度测量信息反求系统未知特征量（如材料热属性、边界条件、初始条件和几何条件等）的过程[72]。

传热反问题通常属于不适定问题，计算时不仅已知的输入条件是不定的（欠定或者超定），而且反问题的解与输入条件也不具有连续依赖性。同时，反问题的求解过程是建立在大量正问题的反复求解基础上的，计算量非常庞大，因此对反演算法的抗不适定性要求也更高[73]。

随着数值计算理论的发展和计算机技术的进步，针对传热学反问题涌现了许多计算方法，例如 Tikhonov 正则化方法、梯度反演法（共轭梯度法、最速下降法等），以及智能优化算法（人工神经网络算法、遗传算法等）。

（1）Tikhonov 正则化方法。正则化方法是指在求解不适定问题时，用一族与原不适定问题"邻近"的适定问题的解去逼近原问题的解。因此，有效构造与原问题"邻近"的适定问题是正则化方法的重要内容。其中，最常用的就是基于变分原理的 Tikhonov

正则化方法。

对于式(1.12)描述的线性方程组

$$Ax = b \tag{1.12}$$

Tikhonov 正则化所求的解是式(1.12)所有解中残差范数和解的范数的加权组合为最小的解

$$x_\lambda = \mathrm{argmin}\{\parallel Ax - b \parallel^2 + \lambda \parallel Lx \parallel^2\} \tag{1.13}$$

式中：$\parallel \cdot \parallel$ 为欧几里得范数；λ 为正则参数；L 为正则算子，与系统矩阵形式相关。

正则参数 λ 的作用是控制残差范数 $\parallel Ax - b \parallel^2$ 与解的范数 $\parallel Lx \parallel^2$ 之间的相对大小，它的选取不仅影响算法的收敛性和收敛速度，而且直接影响结果的质量。但是，目前尚没有形成系统的和普遍适用性的正则化参数选择方法，因此该参数的选择是 Tikhonov 正则化方法的关键。

(2)梯度反演法。传热学反问题可以看作一类最优化问题，其目标函数是若干关键点(测量点)真实温度与计算温度之差的平方和。其中，最速下降法(SDM)、共轭梯度法(CGM)和 L-M 算法(Levenberg-Marquardt)等基于导数(梯度)的算法在热传导反问题中应用最为广泛。

1847 年，数学家 Cauchy 提出的最速下降法(Steepest Descent Method,SDM)是一种基本的、重要的最优化方法。使用 SDM 首先要给出一个初始猜测点，而后沿着目标函数负梯度方向搜索其极小值。这种算法比较简单，对初始猜测点要求较低，下降速度很快，并且计算量较小，因此在传热学反问题中应用广泛。

共轭梯度法(Conjugate Gradient Method,CGM)是 1952 年由 Hestenes 和 Stiefle 提出的一种介于 SDM 和牛顿法[74]之间的算法。CGM 结合了最速下降法和共轭性质，根据已知点处的梯度，构造一系列共轭方向并搜索，直至求出目标函数极小值。对于二次函数，这种方法具有二次终止性质，然而对于任意函数，用有限次迭代是无法终止的，所以在一般情况下，使用 n 步作为一轮,每完成一轮搜索,就寻找一次最速下降方向,并展开下一轮搜索。最速下降法在极值点附近的迭代次数会大量增加,而由于CGM沿着共轭方向进行搜索,因此可以避免这一缺陷;同时,由于只需要对目标函数一阶求导,也能够有效加快收敛速度。

L-M算法是使用最为广泛的非线性最小二乘法——阻尼最小二乘法。L-M算法是高斯牛顿最小二乘法的修正算法。其基本原理是在被优化模型的系数矩阵中添加阻尼项,使原矩阵的特征结构变为对称正定矩阵,以此去适应奇异或者接近奇异的方程,因此同时具有最速下降法和牛顿法的优点。

(3)智能优化算法。随着人工智能技术与计算技术的深度结合,智能优化算法在热传导反问题中得到了广泛的应用。智能优化算法是一种启发式算法,具有优化性能全面、自组织和自适应能力强及适合并行计算等优点。常见的智能优化算法有人工神经网络算法(Artificial Neural Network,ANN)和遗传算法(Genetic Algorithm,GA)等[75]。

ANN和GA算法分别模仿生物神经元传递结构和生物进化理论,属于全局进行搜索的算法,适应性较好,并且通常不用计算雅克比偏导矩阵,能够获得全局最优或者近似最优解。

综上所述,对摩擦温度场计算的概括见图1.9。

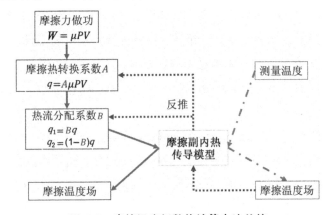

图 1.9 摩擦温度场数值计算方法总结

Fig. 1.9 Conclution of numerical calculation of frictional temperature field

国内外学者多利用实测的温度反推流入摩擦界面的热流,然后再进行温度场重建。Yang 等人在文献[76]中将非接触位置的摩擦温度场测量值引入模型计算,利用共轭梯度法及偏差原理对制动过程中的接触热阻和温度分布展开反演研究;在文献[77]中则用类似的方法对摩擦热流进行了反推。但这种研究的主要目的是验证反演算法的效果,尚未在实际摩擦温度场的计算中得到应用。此外,笔者所在的研究小组[78,79]利用红外探头对摩擦接触界面温度进行了测量(使用平均表面发射率测量,因此严格意义上说并非真实温度),并利用此温度对摩擦热流分配等一系列问题进行了探讨。

1.3 本书主要研究内容

鉴于以上分析,受制于摩擦副的接触运动形式和复杂工作条件,难以获得精度较高的滑动接触界面温度,尤其是瞬态的温度变化。因此,本书的任务是以摩擦磨损试验机上的端面滑动摩擦副为研究对象,研究含脂非高温接触界面瞬态温度的获取方法。

具体研究内容有以下方面:

(1)研究引入试验测温数据的端面滑动摩擦温度场重建方案,以期获得精度较高的接触界面瞬态温度。

(2)设计适用于端面滑动摩擦副的红外测温及接触界面发射率的试验研究方案;针对红外探头在测温时要求的被测目标温度分布均衡,以及不能承受热冲击等问题提出解决方案,并通过数值计算的方式验证方案的可行性。

(3)针对端面滑动摩擦副的结构和运动特点,研制合适的试样及测温元件夹具,并组建摩擦温度场的测试系统。

(4)结合摩擦副非接触侧表面温度以及滑动接触界面的辐射亮温,分析含脂非高温滑动接触界面在摩擦过程中的发射率变化规律,以实现初步修正并得到接触界面温度的近似值。

（5）根据端面摩擦温度场模型，按照②中提出的重建方案，研究引入滑动接触界面近似温度和侧表面温度来反推修正的实现方法，并开发温度场分析系统。

（6）试验验证计算模型和方法的正确性；研究端面滑动摩擦温度场变化规律，为构建基于红外探头的端面摩擦磨损试验机温度测量系统提供依据。

（7）研究滑动接触界面温度与非接触侧表面温度的变化规律和相互关系，为实现滑动接触界面温度的在线预测奠定基础。

第2章 端面滑动摩擦温度场构建方案设计

本章以摩擦磨损试验机上使用的端面滑动摩擦副为研究对象,提出引入实测温度数据的滑动摩擦接触界面温度场的构建方案,并据此设计适用的测温方案。

在摩擦磨损试验机上,端面滑动摩擦副通常用于检测工程材料的摩擦磨损性能、材料温升等特性。一般情况下,其上试样为标准试样,下试样为待检测试样。其结构如图 2.1 所示,接触界面是环形面,一般情况下,环面的宽度为 3~10 mm。

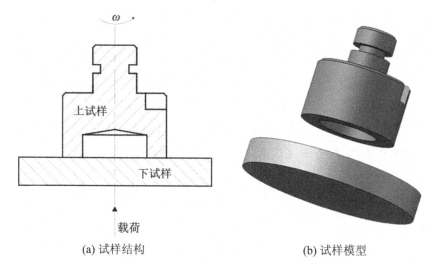

(a) 试样结构　　　　　　　　　　　　(b) 试样模型

图 2.1　端面滑动摩擦副结构示意图

Fig. 2.1　End-face sliding friction pair

在多功能摩擦磨损试验机上,其上试样被装夹在旋转主轴中,能够实现 $\omega=60\sim2500$ r/min 范围内的无级变速;下试样则通过夹具连接在加载主轴上,能够施加范围为 0~2000 N 的载荷。

2.1 引入接触界面温度的滑动摩擦温度场构建方案

2.1.1 温度场构建方案设计及接触界面温度的获取方法

端面滑动摩擦副在摩擦过程中,上试样与下试样的接触面始终不变,由图 2.1 可知,该接触面为环形面,由于粗糙表面的特性,实际接触面积 A_r 并不等于名义接触面积 A_a(环形接触界面的面积)[80],通常,为简化模型和计算量,在计算摩擦温度场时都假设这两个面积是相等的,因此其热源也是连续分布的。

根据 1.2.2 的分析,通常在摩擦温度场计算时,将第二类边界条件[式(1.10)计算得到的热流]引入接触界面实现计算,无法准确确定耗散热和热流分配系数,因此对瞬态温度场的计算尚有不足之处。

假设摩擦副上下两构件的接触表面相对应的每个点的温度都是相等的(如图 1.1 所示,每个接触点位置处的温度都是相等的)。最高温都出现在接触界面,根据热力学第二定律,热量由该区域向四周传播。因此本书尝试将界面温度作为边界条件(第一类边界条件),按照图 2.2 所示的方案进行构建温度场。

图 2.2 引入接触界面温度为边界条件的温度场构建方案

Fig. 2. 2　Construction of the end-face sliding friction temperature field using the
boundary conditions of interface temperature

如前文所述,非接触式测温具有响应速度快、不干扰被测温度场等优点,更适用于瞬态温度测量,因此选用常用的红外测温方法实现滑动接触界面温度信息的获取。由于试验机提供的空间有限,无法布置较大的测温设备,因此使用尺寸小巧、布置方便的红外探头实现测量。端面滑动摩擦副的上试样在摩擦过程中处于旋转状态,不便于布置测温装置直接观测下试样的接触界面。根据前文的假设,上下试样接触界面上的温度是相等的,因此在静止的下试样上开通孔,以红外探头探测旋转上试样的接触界面。

2.1.2　红外探头测量接触界面温度信息的可行性验证

红外探头在测量时,接收到的是一定圆形面积上的辐射能量,获得的也是这个面上的平均温度[81]。而根据图 2.3 所示的端面滑动摩擦热计算示意图,由式(1.10)可得不同旋转半径处产生的热量

$$q_i = \mu(t)p(t)v(t) = \mu(t)p(t)\omega(t)r_i \tag{2.1}$$

该式表示,不同旋转位置处产生的热量是不同的,因此其温度分布也不一致。

在圆环接触界面上,对任一小圆环面有

$$H = q\mathrm{d}A = q2\pi r\mathrm{d}r \tag{2.2}$$

则圆环面上的总热流率为

$$Q = \int_{r_1}^{r_2} 2\pi \cdot \mu p v r \, \mathrm{d}r \tag{2.3}$$

假设圆环面上的压强处处相等,为

$$p = \frac{F}{A} = \frac{F}{\pi(r_2^2 - r_1^2)} \tag{2.4}$$

在半径 r 处的相对滑动速度为

$$v = \frac{2n\pi}{60}r \tag{2.5}$$

将式(2.4)和(2.5)代入式(2.3)可得

$$W = \frac{4\pi \cdot \mu F n}{60} \cdot \frac{1}{r_2^2 - r_1^2} \times \int_{r_1}^{r_2} r^2 \mathrm{d}r = $$

$$\frac{\pi \cdot \mu F n}{45} \left[(r_1 + r_2) - \frac{r_1 r_2}{r_1 + r_2} \right] \tag{2.6}$$

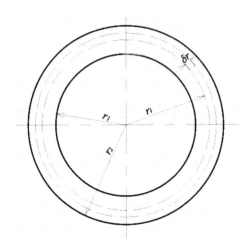

图 2.3 端面滑动摩擦热计算

Fig. 2. 3 Calculation of the end-face sliding friction heat

根据式(1.4)～式(1.11)建立摩擦副温度场分析模型,并按照式分别在考虑和不考虑变化的旋转半径时计算流向接触界面的热流,并作为模型的热边界条件,对比讨论滑动接触界面上的温度分布。

上试样为 45 钢,其内径为 22 mm,外径为 38 mm;下试样分别使用铝合金和锡青铜两种材料制成,是直径为 70 mm、厚度为 10 mm 的圆柱。试验在(21±1)℃的环境温度进行 30 min,试验条件是定载荷 300 N 和定转速 400 r/min。

各材料属性见表 2.1。

表 2.1 材料属性

Tab. 2. 1 Material properties

材料		性能参数		
		导热系数/ (W/(m・K))	比热容/ (J/(kg・K))	密度/ (kg/m³)
上试样	45 钢	52.697	454	7688
下试样	铝合金	135.701	744	3108
	锡青铜	62.891	345	8727

摩擦试验完成后，将获得的摩擦系数等参数，代入式(2.6)计算得到摩擦产生的总热流率变化，如图 2.4 所示。

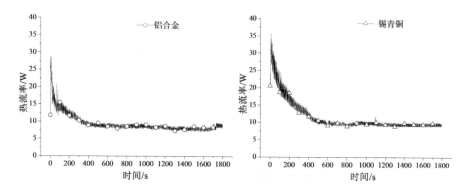

图 2.4 摩擦产生的热流率

Fig. 2.4 Heat flux emission during the friction

按照两种方法将总热流率分配到接触界面的不同旋转半径上[70]：

(1)不同旋转半径处的热流率都等于旋转中径上的热流率，记为方案 A；

(2)不同旋转半径处的热流率都使用其真实热流率，记为方案 B。

将该分配结果作为边界条件引入式(1.4)～式(1.11)，计算得到接触界面的温度分布。

在 Ansys 中仿真计算，每隔 1 s 加载一次热流率，选用全牛顿—拉普森(FULL N-R)方法，迭代精度为 0.5%，总加载时间为 1800 s，每 10 s 输出一次摩擦温度场的计算结果。

在摩擦副数值计算建模时，假设上下试样接触位置的温度是处处相等的，因此对上试样接触界面的温度分布研究就可以转化为对下试样接触界面的温度分布研究。方案 A 和方案 B 的计算结果分析与对比如图 2.5 所示(下试样的全轴对称模型)。

1. 滑动接触界面最高温度的对比

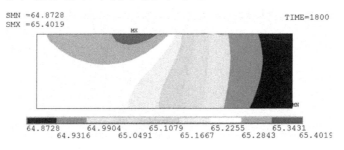

（a）下试样铝合金在方案 A 下云图

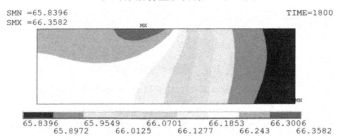

（b）下试样铝合金在方案 B 下云图

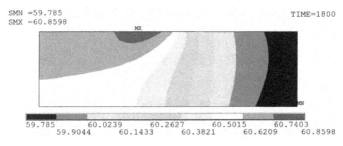

（c）下试样锡青铜在方案 A 下云图

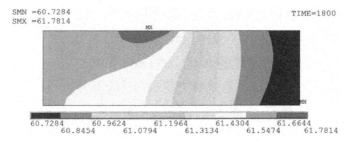

（d）下试样锡青铜在方案 B 下云图

图 2.5　下试样温度分布云图

Fig. 2. 5　Simulation result of lower sample

滑动接触界面最高温度随时间的变化如图 2.6 所示。

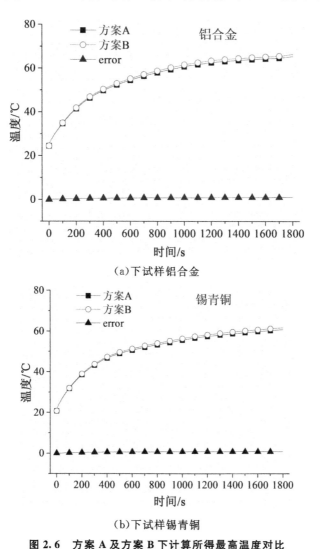

（a）下试样铝合金

（b）下试样锡青铜

图 2.6　方案 A 及方案 B 下计算所得最高温度对比

Fig. 2.6　Computational the max calculate temperature comparison

between plan A & plan B

　　虽然由图 2.5 和图 2.6 可看出，无论是铝合金还是锡青铜，经过 1800 s 的摩擦后，方案 B 都得到了比方案 A 更高的温度，但差异都很小，在 1℃ 左右。可以认为二者在描述滑动接触界面最高温度的变化上是无差异的。

2. 接触界面温度分布分析与对比

在方案 B 下数值计算至 1800 s 的结果讨论接触界面温度分布,如图 2.7 所示。当下试样是铝合金时,接触界面的温度最大值为 66.358,出现在半径 14 mm 处;最小值为 66.211℃,出现在半径 19 mm 处;接触界面上温度平均值为 66.320℃,标准差为 0.0479℃。下试样是锡青铜时,其最高温和最低温出现的位置与铝合金相同,分别为 61.781℃和 61.484℃;其平均值为 61.781℃,标准差为 0.097℃。这表明计算至 1800 s 时,该界面上的温度分布均衡。

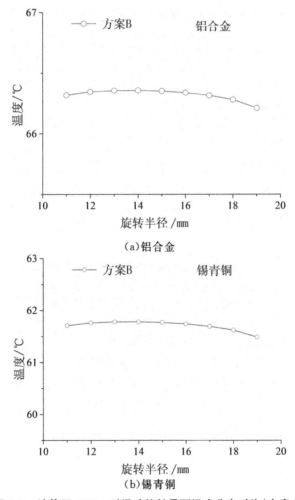

(a)铝合金

(b)锡青铜

图 2.7 计算至 1800 s 时滑动接触界面温度分布对比(方案 B)

Fig. 2.7 Temperature distribution after 1800 s calculation (plan B)

在使用方案 B 的热流分配方法构建温度场时,不同旋转半径位置处获得的热流不同,越靠近外侧,获得的热量越多,但是图中外侧的温度却低于内侧温度。其原因是:虽然接触界面外侧在摩擦过程中产生的热量多于内侧,但是接触界面外侧的试样表面与环境接触,具有良好的换热条件,内侧边界处于上下试样形成的小空腔内,近乎于隔热。

图 2.8 所示为方案 B 下,整个 1800 s 计算中,接触界面上最大温差的变化。

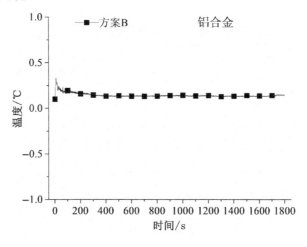

(a)铝合金

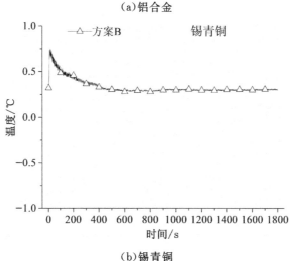

(b)锡青铜

图 2.8　1800 s 计算中接触界面上的最大温差变化(方案 B)

Fig. 2.8　Instantaneous max temperature difference during 1800 s calculation (plan B)

下试样铝合金在方案 B 下接触界面温差的最大值 0.337℃，最小值为 0.102℃；下试样锡青铜在方案 B 下接触界面温差的最大值为 0.749℃，最小值为 0.274℃。也就是说，整个摩擦过程中，滑动接触界面上的温度差异都很小。

综上所述，在本书的滑动接触环形界面（内径为 22 mm、外径为 30 mm）上，整个摩擦过程中，滑动接触界面上的温度分布比较均匀，可以使用平均温度来表征。因此使用红外测温探头测量的方案是可行的。

2.1.3　滑动接触界面发射率的研究

根据美国材料与试验协会制定的标准 ASTM C 1371，将红外探头的采集发射率设置为定值 1 可以得到滑动接触界面的辐射亮温；若能够获取接触界面的温度信息，便可以根据式（1.3）确定其发射率[82]。滑动接触界面的真实温度很难测得，但据 2.1.2 的分析可知，该界面上温度分布均衡，差异很小，因此不妨以滑动接触界面最外侧的温度（P 点）代替接触界面的温度，用于研究接触界面的发射率，并实现对其辐射亮温的初步修正。要求测量 P 点温度的设备具有与红外探头相同的响应速度，因此使用红外热像仪对其进行测量。

因此，设计了如图 2.9 所示的温度测量系统示意图。

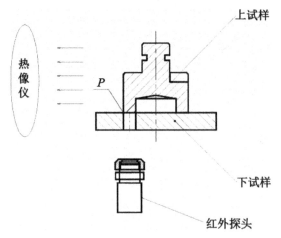

图 2.9　端面滑动摩擦副温度测量系统示意图

Fig. 2.9　Temperature measurement system for end-face sliding friction

红外热像仪体积较大,布置在距试样一定距离处,直接观测被测物体表面的温度分布,从而得到滑动接触界面最外侧的温度(P 点)。

在本方案中,红外测温元件观测的表面有两个:一是非接触表面(侧表面),同时包括摩擦副上下两试样,材料的不同、加工过程中的差异都会导致表面发射率的不同;二是滑动接触界面,在摩擦过程中,该界面的表面形貌发生着变化,同时表面又含有润滑剂和磨屑等,都会引起发射率的变化。针对这两个问题,本书主要从以下两个方面解决:

(1)使用热像仪测量摩擦副上下试样的侧表面(非接触面)的温度。虽然上试样是标准试样,但是下试样却需要经常更换,材料的不同、加工产生的误差等,都会导致其表面发射率不一致。为了统一侧表面的发射率,使测量结果直观、便于分析,在所有侧表面上都喷涂了发射率已知的哑光黑漆。

(2)使用红外探头测量滑动接触界面的表面温度信息。滑动接触界面的表面发射率随着摩擦的进行不断变化,按照发射率的研究方法,将红外探头的采集发射率设置为定值 1,可以得到接触界面的辐射亮温;再结合 P 点温度,可实现接触界面发射率的研究,并实现对辐射亮温的修正。

2.2　本章小结

本章主要研究内容及结论如下:

(1)设计了以接触界面温度信息为边界条件的端面滑动摩擦温度场构建方案。

(2)设计了使用红外探头测量接触界面温度信息的试验方案。

(3)通过数值计算的方法对其界面的温度分布展开了讨论,结果表明,在环形接触面上(内径为 22 mm,外径为 30 mm)温度分布均衡,因此可以用平均温度来替代界面上的温度分布,验证了红外测温方案的可行性。

(4)结合热像仪获得的滑动接触界面最外侧温度,设计了对滑动接触界面发射率的研究方案,为实现接触界面辐射亮温的初步修正奠定基础。

第3章 端面滑动摩擦温度场测量系统结构设计

本章将综合考虑多功能摩擦磨损试验机的性能和端面滑动摩擦副的特点,研制试样和测温元件的夹具系统,并组建温度场测试控制系统。

3.1 总体结构设计

根据图 2.9 所示的温度测量方案,为满足摩擦学测试系统中其他必要参数的测控需要,设计了测量系统,其结构主要由试样及夹具、测控、通信和计算机四部分组成,如图 3.1 所示。

试验机原有的试样夹具仅适用于装夹较薄的下试样和布置接触式测温元件,上下试样的装夹并不是开放设计。若要热像仪能够清晰地观测到下试样的温度梯度,必须使用一定厚度的下试样,因此需要依照测温方案重新设计上下试样及其夹具;另外,原有的测控系统中,载荷、转速的测控部分可以延续使用[83],摩擦系数的测量则需要根据摩擦副及夹具的结构尺寸重新修改。

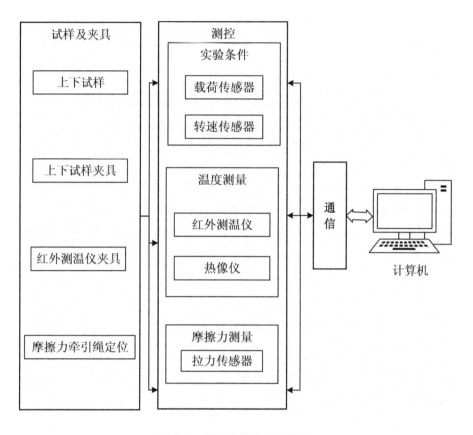

图 3.1　试验装置结构示意图

Fig. 3.1　Schematic diagram of experimental device

3.2　试验装置硬件系统设计

3.2.1　多功能摩擦磨损试验机简介

系统基于多功能摩擦磨损试验机(图 3.2)组建,该试验机可以实现旋转和往复两种运动形式。

图 3.2　多功能摩擦磨损试验机

Fig. 3.2　Multi-functional friction & wear tester

端面滑动摩擦副进行试验使用试验机的旋转运动方式,各项参数指标见表 3.1。

表 3.1　试验机旋转方式下的测量参数指标

Tab. 3.1　Revolving experimental parameters and indicators of the tribology tester

参数	指标	示值误差
载荷	0~2000 N	±0.1%
转速(无级调速)	60~2500 r/min	—
摩擦力测量	0~300 N	±0.1%
润滑状态	干摩擦、油润滑、边界润滑	—

3.2.2　测温元件

1. 红外热像仪简介

本书研究使用的红外热像仪是美国 FLIR 公司生产的非制冷焦平面型热像仪 Thermo A40M,具有 IEEE1394 和 TCP/IP 双接口,根据设置不同能够实现 $-40\sim2000℃$ 的温度测量,与计算机实现最高 50/60 Hz 的快速通信。厂商随热像仪提供的测控程序,不仅能够实现对被测目标发射率、环境温度、透射率等多个参数的设置，也能够在拍摄过程中或对存储的热图像进行数据处理。同时，还可以依靠提供的 SDK 开发包，实现上述功能并进行个性化编程。

热像仪各项性能指标见表 3.2。

表 3.2　热像仪 A40M 性能参数

Tab. 3.2　Performance parameters of thermo imager A40M

参数	指标
分辨率	320×240
波长范围	7.5~13 μm
精度	±2℃或±2%，取最大
视场/最小焦距	(24°×18°)/30 mm
工作温度	−15~50℃

2. 红外探头的选择

红外探头是将被测表面上一定圆形区域的辐射能量转化为电信号，再换算成温度的一种设备。雷泰(Raytek)公司是全球著名的非接触式测温设备供应商，本书研究选用其生产的 MI3 型红外探头实现测温。根据距离系数的不同，适用于本书测量方案的红外探头主要有三种型号，如图 3.3 所示。

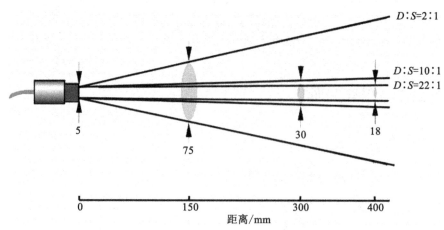

图 3.3　红外探头距离系数对测量区域面积的影响

Fig. 3.3　Influence of optical property on measurement spot size

距离系数 D：S 通常有 2：1、10：1 和 22：1 三种,它代表红外探头在距离被测目标为 D 时所能探测的圆斑区域面积 S,距离系数越大,其探测范围的发散性越小。

当测量目标面积很大,且对红外探头布置的空间要求不高时,可以选择距离系数较小的设备进行测量。但是,当被测目标较小时,就需要慎重对待这个参数。图 3.4 为红外探头放置位置对测量结果影响的示意图,如果被测目标尺寸大于探测圆斑的直径,那么就能准确地测量其温度;如果被测目标尺寸与探测圆斑的直径相近,那么对红外探头的布置位置和瞄准要求就高;而如果被测目标尺寸小于探测圆斑的直径,那么红外探头接收到的辐射能量有相当一部分来自环境辐射,测得的就不是被测目标的温度了。

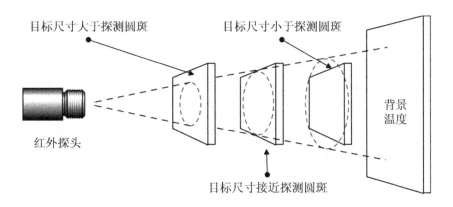

目标尺寸大于探测圆斑　　目标尺寸小于探测圆斑

背景温度

红外探头

目标尺寸接近探测圆斑

图 3.4　红外探头对被测目标尺寸的要求

Fig. 3. 4　Size requirements of the target for the infrared thermometer

本书研究使用的端面滑动摩擦副,其接触界面尺寸不可以过大,否则会大大增加摩擦转矩,不利于摩擦试验的平稳运行。因此本书选用距离系数为 22：1 的红外探头,其型号为雷泰MI3LTS20,结构尺寸如图 3.5 所示。

红外探头的相关性能见表 3.3。

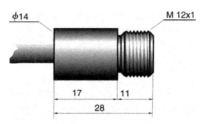

图 3.5 雷泰 MI3LTS20(单位:mm)

Fig. 3.5 MI3LTS20 from Raytek

表 3.3 红外探头参数

Tab. 3.3 Performance parameters of infrared thermometer

参数	指标
测温范围	0～1000℃
波长范围	8～14 μm
精度	±2.5℃或±2.5% 取最大
最小观测直径	5 mm
工作温度	0～120℃

由于装配误差,试验机抖动等因素的影响,上下试样的实际接触面很可能偏离旋转中轴,在这种情况下,若使用单个红外探头,就会导致测量结果并非接触界面的真实温度信息。因此选择三个探头进行测温,使用了 DIN 导轨式通讯盒(MI3MCOMM)实现探头与计算机的通信,如图 3.6 所示。

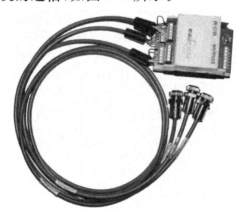

图 3.6 红外探头与其通信盒

Fig. 3.6 Infrared thermometer and its communication box

该通信盒最多可以实现 4 路红外探头的数据采集,与试验机间的通信则可通过 RS485 接口和 Micro USB 接口进行,红外探头与通信盒之间通过带有屏蔽功能的数据线相连。随设备附带的温度采集控制软件 DataTempMultidrop,可以实现对三个探头的发射率设置和采集方式设置等,同时会将温度数据以 .txt 的文件格式保存。

3.2.3　试样及测温元件的夹具设计

1. 上下试样的尺寸

试验机提供的标准试样方案中,上试样的内径是 22 mm、外径是 30 mm,这意味着接触界面的"宽度"仅有 4 mm。而红外探头的最小观测直径为 5 mm,显然使用这样的试样无法满足距离系数比的要求。因此,本书设计了内径为 22 mm、外径为 38 mm 的上试样,这样接触界面的"宽度"就变为 8 mm,根据图 3.3 所示的目标直径换算方法,红外探头所允许的与上试样接触界面临界距离约为 176 mm;考虑到试验机加载时加载轴的移动行程和探头的尺寸(夹具内的空间有限),该距离已经满足需要。

上试样的结构尺寸如图 3.7 所示,其顶部切有宽度为 3 mm、深度为 2.5 mm 的环槽,在槽中安装卡环,插入试验机的孔中,保证上试样不会因重力发生下滑。而上试样中部则切有宽为 7 mm、深为 9 mm 的槽,与旋转主轴上的销钉配合,保证旋转扭矩的可靠传递。

下试样在设计时主要是考虑到要有一定的厚度,方便热像仪观测侧表面的温度变化。因此,下试样设计为直径 70 mm、厚度为 10 mm 的圆块。

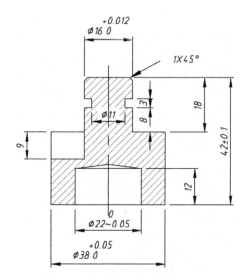

图 3.7　上试样尺寸(单位:mm)

Fig. 3. 7　Upper sample

2. 夹具设计

首先设计了一套如图 3.8 所示,称为开放型夹具系统。

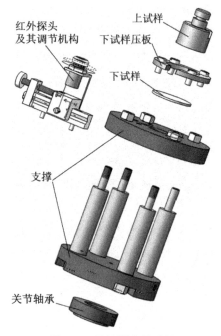

图 3.8　开放型夹具系统

Fig. 3. 8　Open type fixture system

夹具由上平台、下平台、四个支撑柱、红外探头夹具及其导轨调节夹具和关节轴承等部分组成。其中关节轴承起到调心的作用，可以保证上下试样摩擦界面的良好接触。之所以称为开放型夹具，是因为上下平台之间由四个柱子支撑，内部裸露在外面。这个夹具的优点是装夹简单，下试样直接由下试样压板固定；红外探头在螺旋推进杆的控制下可沿着导轨滑动，测量不同位置的温度。

但是，在使用过程中，也发现了该系统的诸多不足：

（1）关节轴承下置，摩擦过程中上下试样的振动经过夹具的放大，造成试验过程的不稳定。

（2）采用压板，无法装夹较厚的下试样，也不利于热像仪的观察。

（3）红外探头夹具与下试样分别布置在下平台和上平台上，加大了红外探头对准测温孔的难度，对加工精度要求较高。

（4）采用导轨系统无法在狭小的空间上布置多个红外探头。

（5）如图 3.9 所示，大部分的裸露部分和螺母，影响了红外热像仪的视场，加大了提取重要位置（如下试样）温度数据的难度。

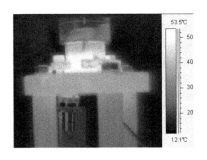

图 3.9　开放型夹具测温效果

Fig. 3.9　Temperature measurement effect of the open type fixture system

综合考虑上述问题，研制了第二套夹具系统，由于总支承选择了封闭式设计，因此称为封闭型夹具系统，如图 3.10 所示。这个夹具系统的结构及特点如下：

（1）牵引螺钉 9 与试验机的测力绳相连，用于测量摩擦力。

（2）总支承 5 一体化设计,不再使用立柱和上下平台,降低对总支承的加工精度要求,为方便红外探头布置和走线,在总支承上开两个对称的窗。

（3）关节轴承 4 上置,距摩擦接触面较近,可以减轻摩擦过程出现不稳定时整个夹具的抖动;

（4）下试样夹具与红外探头夹具 3 一体化设计,同时与下试样的连接形式改为销钉式,这样既保证了红外探头与目标区域的对准,同时在外观上也没有复杂的突起部分,方便热像仪的观测;

（5）上试样的夹具与总支承通过关节轴承连接,保证摆动调心,同时二者之间的周向运动被销钉 8 固定;

（6）这种设计拉近了红外探头与测温目标的区域,仅为 20 mm,保证了测量目标的直径小于接触界面的"宽度";

（7）这种装置使布置三个红外探头成为可能,三个探头分别对应下试样上沿滑动接触界面中径上均布的三个孔。通过这种布置实现冗余测量,并判断摩擦副是否工作在正常状态下。

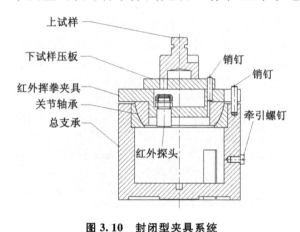

图 3.10　封闭型夹具系统

Fig. 3.10　Closed type fixture system

3. 避免红外探头承受热冲击的夹具改进

使用红外探头时,对其所处的环境温度有一定的要求,若存在较剧烈的热冲击,就会影响其测量精度。图 3.11 所示为红外探头在环境温度突然发生改变时,其测量值的变化情况。

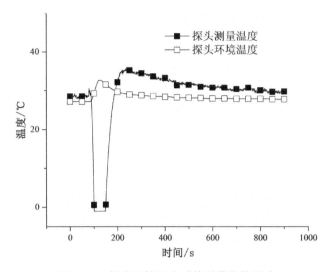

图 3.11　探头环境温度对其测量值的影响

Fig. 3.11　The effect of ambient temperature on it's measurement result

使用图 3.10 所示的夹具,红外探头与试样距离较近,如果摩擦产生的热直接经由夹具传向红外探头,势必会导致温度快速升高,影响红外探头对接触界面辐射能量的测量值。为解决该问题,在下试样与夹具之间,布置了隔热层 10,材料为 FR4 玻纤板,同时为便于分析,在上试样与旋转主轴之间也设置了同样的隔热层。于是图 3.10 所示的封闭型夹具就变为图 3.12 的形式。

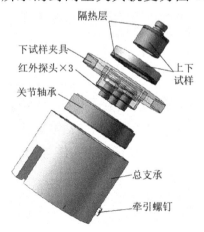

图 3.12　添加隔热层的封闭型夹具系统

Fig. 3.12　Closed type fixture system with thermal insulation

下面通过对比添加隔热层前后红外探头测量结果，验证该隔热措施的效果。

如图 3.13 所示为某试验条件下，是否采取隔热措施得到的红外探头的测量结果对比（红外探头数据均在设置采集发射率为 1 时获得，P 点如图 2.9 所示）。

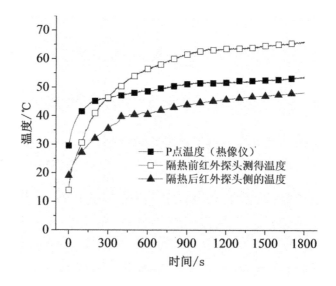

图 3.13　是否采取隔热措施对红外探头测量结果的影响

Fig. 3.13　The influence of heat insulation on the measurement result of infrared thermometer

由于红外探头数据是在发射率设置为 1 时获得，而任何表面的发射率都应当介于 0～1 之间，因此在这种情况下采集得到的温度应该低于其真实温度。然而在隔热前，由于热冲击的不断影响，红外探头获得的结果反而远远高于 P 点温度（滑动接触界面外侧温度，可近似认为是接触界面的近似温度），因此该数据是错误的。采用了隔热措施之后，热量的传导被有效隔离，避免了热冲击对红外探头的干扰。

如图 3.14 所示为本书搭建的测温系统。

图 3.14　端面滑动摩擦测温系统

Fig. 3.14　Temperature measurement system for end-face sliding friction

3.3　试验装置测控软件系统

测试系统由主界面、参数设置界面、测试界面和数据报表处理界面四部分构成。其结构如图 3.15 所示。

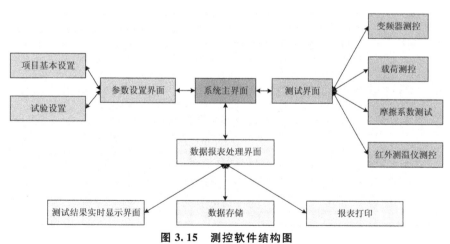

图 3.15　测控软件结构图

Fig. 3.15　Testing software system

下面主要介绍摩擦力的测量及摩擦系数的计算。

如图 3.16 所示,滑动接触界面的内环半径为 $r_1=11$ mm,外环半径为 $r_2=19$ mm;总支承的半径为 $R=60$ mm;测力绳的半径为 $r_{ce}=0.5$ mm。

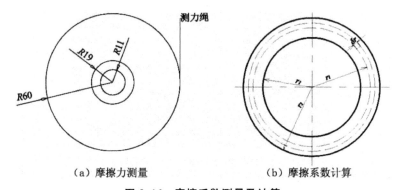

（a）摩擦力测量   （b）摩擦系数计算

图 3.16　摩擦系数测量及计算

Fig. 3.16　Measure and calculate of the friction coefficient

摩擦系数由测量得到的摩擦力,结合试样和夹具的尺寸计算得到。图 3.16(b)所示为图 3.16(a)中接触界面内外环的示意图,若施加在摩擦副上的载荷为 F ,假设摩擦过程中,接触界面上摩擦系数处处相等且等于 μ,那么在任一小圆环等于 r_i 的位置,其摩擦阻力 f 为

$$f_i = \mu F \tag{3.1}$$

其产生的摩擦阻力矩为

$$m_i = uFr_i \tag{3.2}$$

则在接触界面,产生的总摩擦力矩为

$$M_f = \int_{r1}^{r2} uFr\,\mathrm{d}r = \frac{\mu F}{2}(r_2^2 - r_1^2) \tag{3.3}$$

已知总支承的半径为 R,测力绳的半径为 r_{ce},假设某一时刻测力绳测得的力为 f_{ce},则此时测得的力矩 M_{ce} 为

$$M_{ce} = f_{ce}(R + r_{ce}) \tag{3.4}$$

测得的力矩与摩擦力矩是相等的,于是可以计算得到摩擦系数 μ 为

$$\mu = \frac{2f_{ce}(R + r_{ce})}{F(r_2^2 - r_1^2)} \tag{3.5}$$

测控系统如图 3.17 所示。

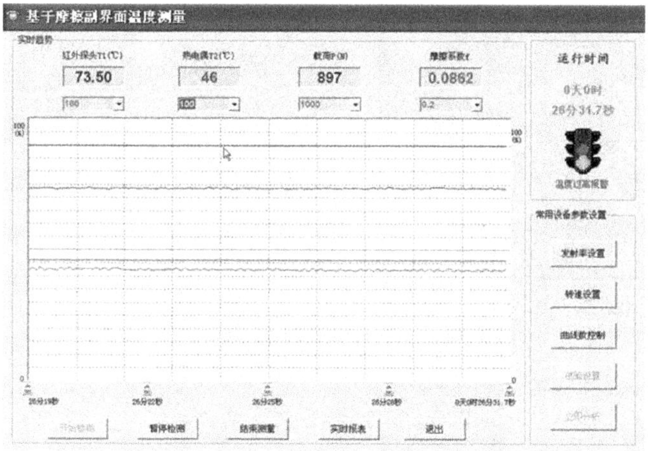

图 3.17　测控系统

Fig. 3.17　Measurement and control system

3.4　红外热像仪数据采集及处理

3.4.1　红外热图像的采集及转化

FLIR 提供了 ThermaCAM Research 软件用于红外热像仪的数据采集,然而该软件也有诸多限制,如难以实现大量红外图像的温度数据提取,以及图像滤波等功能。因此课题组基于相关 SDK,结合 VC 对该部分进行了二次开发[84]。开发后的系统能够实现热像的实时采集,以及基于形态学边缘检验的小波去噪,能将大量的图像数据批量地转化为 .txt 文件,便于后期数据的提取和处理。本书主要使用了该软件的后处理功能。软件主要功能如图 3.18 所示。

(a) 红外热像采集设置

(b) 图像格式转换

(c) 小波阈值去噪

图 3.18　红外热像仪软件

Fig. 3.18　Software for thermos imager

图 3.18(a)为红外热像采集设置页面,主要依靠 SDK 开发包实现该部分操作。采集方式可以按照每隔一定时间拍摄一张热图像,也可以设置为每隔一定幅图像后记录一次,或者设置为最高速度(50 Hz 的频率)记录图像。热图像可以以单幅的形式存储,也可以每次试验都记录在一个文件内。图 3.18(b)为图像格式转换,可以实现 .fpf 到 .bmp、.fpf 到 .txt 以及 .bmp 到 .txt 的转换,转换过程中,会弹出对话框[图 3.18(c)],提示是否需要进行去噪设置。小波滤噪设置了小波变换尺度和小波变换基两种,选择后单击确定即可实现。

3.4.2　热像仪测量结果初步分析

本节以锡青铜下试样为例,使用含 10% 重量比二硫化钼的锂基润滑脂润滑,在法向载荷 400 N、旋转速度 500 r/min 的条件下进行试验,对测量数据进行分析。试验时环境温度为室温(21±1)℃。

试验 1800 s 后的红外热图像如图 3.19 所示。

图 3.19　经过 1800 s 摩擦后的红外热像图像

Fig. 3.19　Thermal imagery after 1800 s friction

由试验可知,下试样的侧表面的温度分布已经相当均匀,而在上试样上,越接近摩擦接触面的位置,温度则越高。而由于上下试样和夹具之间隔了一层隔热材料,热量传导受限,并未引起主轴和总支承的明显升温。

为了进一步观察摩擦过程中温度场的演变规律,取不同时刻的红外热图像绘制于图 3.20。

(1)在未摩擦时[图 3.20(a)],整个摩擦副温度分布均匀,由于与背景温度(环境温度)相差很小,摩擦副的边界与周围环境区分并不十分明显。

(2)摩擦刚刚开始时[图 3.20(b)],可以明显看到上试样在靠近接触界面的位置温度明显升高,比初始状态高出近 2℃[此处指代的是图 3.19 中的 P 点温度,图 3.20(a)和图 3.20(b)两图的图例中的最高温度并不代表摩擦副的最高温度,而是背景温度干扰造成的]。

(3)到第 2 s 时[图 3.20(c)],上试样靠近接触界面的位置已经出现了明显的温升,而下试样的侧表面的温升仍然不明显,且温度分布也比较均匀,这种情况一直持续到第 7 s[图 3.20(d)],其温度才整体上升 1℃,造成这种现象的原因主要是:侧表面的直径比接触界面最大直径大 32 mm,热量传递到这里需要一定的时间;同时,此处与周围环境存在散热,因此初始热平衡需要一定的热量才能被打破。

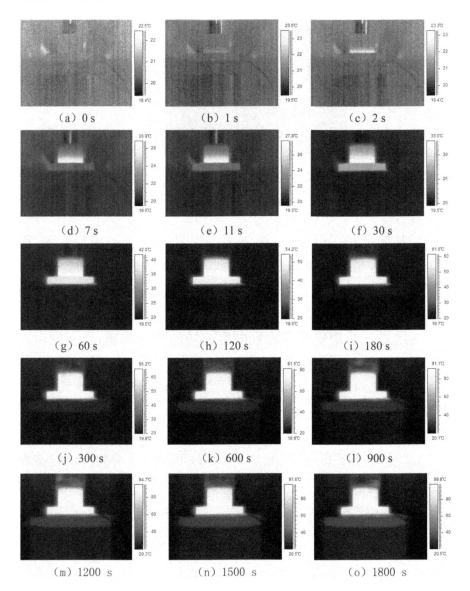

图 3.20　摩擦过程中侧表面温度演变

Fig. 3. 20　Temperature evolution of the lateral surface during friction

（4）到第 11 s 时，接触界面的最高温度已经上升了 6.8℃，上下试样的轮廓也与夹具及周围环境明显区分开来。随着摩擦的继续进行，这种分布规律并没有明显的变化。

（5）到了 180 s 时，最高温度就已经达到 61.6℃，而根据图 3.19 所示，摩擦 1800 s 后的最高温度为 98.8℃，可见在摩擦前期，其温升速率是相当高的。与前期的快速升温相反，在经过 300 s 的摩擦后，温升速度逐步降低，温度场具有达到新的热平衡的趋势。

从摩擦开始计算，每隔 5 min 取侧表面的最高温度绘制于图 3.21，可以更清晰地观察到这种趋势。摩擦初始阶段的温升速率最高，随着摩擦的进行，其温升速率降低，逐步趋向稳定。

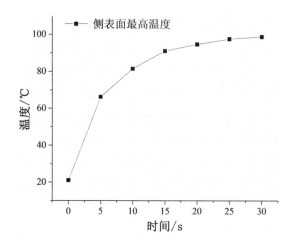

图 3.21　摩擦过程中侧表面最高温度变化

Fig. 3.21　Max temperature variation of lateral surface during friction

综上所述，在摩擦初始阶段，摩擦副、夹具都与环境的温度一致，当大量热量在接触界面产生后，打破了这种热平衡，界面温度急剧升高，热量也向四周传导；随着摩擦的进行，摩擦产生的热量和试样及夹具向环境散出的热量逐步达到新的平衡状态，除非摩擦副工作状态发生大的改变（如载荷、速度的改变，或者是摩擦系数的突变），温度将仅在一定的区间内波动变化。

3.4.3　热像仪数据的提取

每次试验时，热像仪布置的位置存在细微的差异；而上试样在工作中高速旋转,因此依靠热像仪本身提供的软件提取 P 点温度较为困难。

在红外测温中,要求红外热像仪与被测表面的夹角不超过 $30°$,因此提取温度时,应尽量靠近摩擦副中心位置。观察红外热图像,试样与周围环境之间有明显的边界,而在 3.4.1 中,已经能够将图像转化为 .txt 文件,该文件提供了温度分布矩阵。因此,P 点温度的获取按照图 3.22 所示的思路进行。

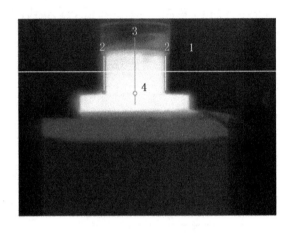

图 3.22 P 点温度的提取

Fig. 3. 22 Distill the temperature of point P from thermograph

(1)在热图像上半部分 1/4 处(根据试验条件的)任意选择一行(x_i,y_0),进行扫描,找到温度突变的边界 2 的坐标(x_1,y_0)和(x_2,y_0)。

(2)根据边界的坐标,找到边界的中间位置 3 的坐标(x_m,y_0),扫描该坐标所处的列(x_m,y_i),找到该列的最高温度 4 的坐标(x,y)。

(3)以 4 的坐标为中心,搜索附近一个小区域$(x\pm a,y\pm a)$,考虑到摩擦过程中的抖动等因素,选取提取区域时,既要保证选取区域足够,又要保证计算效率,取 $a=5$,则在$(x\pm5,y\pm5)$对应的像素点中,找到最高温度,即为 P 点温度。

该提取方法的流程图如图 3.23 所示。

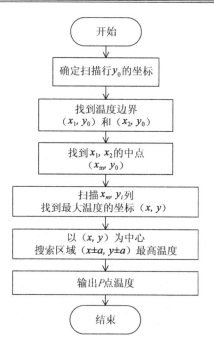

图 3.23　P 点温度提取流程

Fig. 3.23　Procedure of the distill the temperature on point P

　　P 点温度与摩擦系数的对照如图 3.24 所示。据式(1.10)可知,在恒定载荷和转速的试验条件下,摩擦系数的大小会直接影响到摩擦热量的产生。以摩擦系数的变化规律划分,整个摩擦过程可以分为两个阶段:第一阶段为开始摩擦到 600 s 之间,摩擦系数较大且变化剧烈,称为磨合阶段;第二个阶段为 600 s 以后,摩擦系数较小且仅在一定范围内波动,称为稳定摩擦阶段。而 P 点的温升曲线与上述两个阶段相互对应,也分成了两个阶段:在磨合阶段,温升速度快,在稳定摩擦阶段温升速度则变得缓慢。尤其需要注意的是,在 200～300 s 之间的摩擦系数抖动,在温升变化上得到了及时的体现:摩擦系数突然大幅下降,P 点甚至出现了短暂的平衡状态,温度在 65℃附近波动;而在 400～500 s 之间的摩擦系数抖动及骤降,以及在 1000 s 左右的摩擦系数突降,都分别在温升曲线上造成了拐点。这都证明使用热像仪拍摄摩擦副侧表面的温度,能够快速反映摩擦系数瞬态变化引起的生热变化。

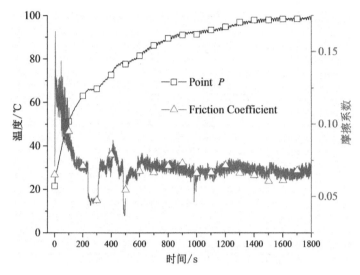

图 3.24 随时间变化的摩擦系数与 *P* 点温度

Fig. 3.24 **Instantaneous friction coefficient and temperature of point *P***

3.5 本章小结

本章设计并组建了端面滑动摩擦副的测温系统。主要内容有以下方面：

（1）根据所设计的试验方案研制了适用于红外测量的端面滑动摩擦副夹具，该夹具采用封闭型设计，能够装夹较厚的下试样，保证了热像仪对试样的直接观测；下试样的夹具和红外探头夹具为一体化设计，解决了红外探头对目标区域的对准问题；关节轴承布置靠近滑动接触面，有利于减弱摩擦振动对试验的影响，并组建了端面滑动摩擦副场测试控制系统。

（2）试样与夹具间使用 FR4 玻纤板隔热处理，有效阻止了热量由摩擦副传向红外探头夹具，避免了热冲击对红外探头测量结果的干扰。

（3）初步讨论了红外热像仪测得的温度场演变；提取得到的滑动接触界面最外侧（*P* 点）温度与滑动摩擦系数的变化吻合，体现了红外测温响应快的特点。

第4章 减小摩擦界面发射率对红外探头测温的影响

将红外探头采集发射率设置为 1,获得的是接触界面的平均辐射亮温,但接触界面的表面发射率实际上是不断变化的,因此有必要更深入地研究摩擦过程中的接触界面发射率变化规律,以实现对辐射亮温的修正。

4.1 发射率测量研究方法

根据研究内容区分,发射率的研究要涉及辐射方向和波长两个要素[85]。

按照方向分类有:若研究物体表面的全方向发射率,一般称作半球发射率;若研究物体朝一定方向的发射率,称作定向发射率。特别地,若该方向是表面的法向方向,则称作法向发射率。

按照波长分类则可以分为:研究表面在全波长的发射率,研究在某一波段上的发射率(也称作光谱发射率)。若结合二者则有相应的半球全波段发射率等。

根据材料属性和测温区间的不同,发射率的研究方法主要有辐射能量法、间接法(根据发射率+反射率=1的特点,先测量反射率)、量热法和混合法(即混合多种方法测量)[86]。其中量热法又可以分为稳态量热法和瞬态量热法两种。量热法主要用于测量半球发射率,其原理是依靠热传导理论,通过计算测量点的热交换状态和与发射率相关的传热方程得到发射率。其他方法则主要用于测量方向发射率,如辐射能量法是通过对比黑体和被测物体的辐射功率实现被测物体的发射率计算。

常见的发射率测量装置都针对表面形状规则且尺寸适宜的目标物体表面。例如,SOC 100 型半球定向发射率测量仪要求试样的最小直径是 30 mm;ET 100 型便携性发射率测量仪则要求目标直径至少是 200 mm,同时必须是凸面。而本书所研究的端面滑动摩擦副的接触界面是一个环形面,其内、外径分别为 22 mm 和 38 mm,表面还含有润滑油脂和磨屑,显然不能利用这些设备测量。

此外,不少学者对异型表面的发射率进行了测量。例如,华南理工大学全燕鸣等[87,88]利用热像仪、温度加热和控制设备以及自制黑体箱对金属切削刀具表面的发射率进行了测量;刘华[89]等人利用热像仪对毫米级表面——电路板的表面发射率开展了研究。此外,也有直接在线研究摩擦接触界面发射率的方法,比如前文提到的 Gulino[90]等人。受这些研究的启发,本书也将针对含脂非高温端面滑动摩擦接触界面的发射率展开研究。

4.1.1　红外设备接收能量的组成

红外设备在测量被测目标温度时,接收得到的能量有三部分,如图 4.1 所示。

这三部分能量可以表达为

$$W = \tau[\underbrace{\varepsilon f(T)}_{①} + \underbrace{(1-\varepsilon)f(T_{amb})}_{②}] + \underbrace{(1-\tau)f(T_{air})}_{③} \quad (4.1)$$

其中:①表示待测表面自身的辐射能量;②表示待测表面反射环境温度的辐射能量;③表示大气的辐射能量。待测表面的温度为 T(K 氏温度,下同),其表面发射率为 ε,则其反射率为 $1-\varepsilon$;T_{amb} 为环境温度,①和②前面的系数 τ 为大气透射率,表示这两部分能量在传播到红外测温设备前受到大气的衰减;$1-\tau$ 则为大气的发射率;T_{air} 为大气温度。

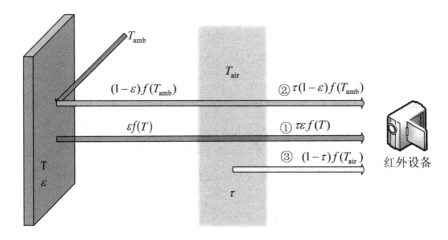

图 4.1　红外设备接收能量组成

Fig. 4. 1　Energy contains which is received by the infrared equipment

4.1.2　发射率测量试验原理

通常在红外测量时,红外测温设备离被测表面距离很近,忽略大气对辐射能量的影响,即认为透射率 $\tau=1$,则式(4.1)变为

$$W = \varepsilon f(T) + (1-\varepsilon) f(T_{amb}) \tag{4.2}$$

测温时,在不知道被测表面真实发射率 ε_0 的前提下,设置红外测温设备的发射率为 ε_x,此时红外测温设备"认为"它所接收的能量由辐射亮温 T_x 产生,于是

$$W_x = \varepsilon_x f(T_x) + (1-\varepsilon_x) f(T_{amb}) \tag{4.3}$$

若能通过其他方法获取被测表面的真实温度 T_0,则实际辐射能量可以表达为

$$W_0 = \varepsilon_0 f(T_0) + (1-\varepsilon_0) f(T_{amb}) \tag{4.4}$$

实际上,红外测温设备接收的能量是一定的,只是在计算温度时按照了不同的发射率计算,即 $W_x=W_0$,于是联立式(4.3)和式(4.4)可得

$$\varepsilon_0 = \varepsilon_x \frac{f(T_x) - f(T_{amb})}{f(T_0) - f(T_{amb})} \tag{4.5}$$

根据杨立的研究[91]，$f(T) \approx CT^n$，C 为常数，与辐射常量 $c_1 = 3.7419 \times 10^{-16}$ W/m² 和 $c_2 = 1.4388 \times 10^{-2}$ m/K 相关，而 n 与测温设备所处的测量波段有关，对于本书使用的设备，$n \approx 4.09$。因此，式（4.5）可写作

$$\varepsilon_0 = \varepsilon_x \frac{T_x{}^n - T_{\text{amb}}{}^n}{T_0{}^n - T_{\text{amb}}{}^n}, n = 4.09 \tag{4.6}$$

特别地，当被测表面面积较小，同时其温度与周围环境相差又较小时，可以忽略环境温度通过被测表面的反射能量[87]，式（4.6）可以变为

$$\varepsilon_0 = \varepsilon_x \frac{T_x{}^n}{T_0{}^n}, n = 4.09 \tag{4.7}$$

4.2　两种滑动摩擦界面发射率研究方案的结果及分析

基于上述计算，下面以两种方法研究含脂非高温摩擦接触界面的发射率。

4.2.1　摩擦测温试验

以锡青铜下试样为例，使用含 10％重量比二硫化钼的锂基润滑脂润滑，在法向载荷 400 N，旋转速度 500 r/min 的条件下进行试验，试验环境温度为室温（21±1）℃。上下试样的材料热物理属性如表 2.1 所示。

将 P 点温度和辐射亮温对比如图 4.2 所示，以分析红外探头的测量结果（图中曲线 infrared 1～infrared 3 分别代表三支红外探头的结果）。

首先，接触界面的辐射亮温明显低于 P 点温度，这是由于任何物体表面（假设为灰体）的发射率都小于 1，而本书在采集数据时，设置红外探头的发射率恒定为 1 造成的；其次，虽然三支红外探头检测的都是滑动接触界面的辐射亮温，但由于三者布置在圆

周上的不同位置,三者间还存在一定的温差,但是该温差较小,可以认为摩擦副在正常工作状态下;最后,对比图 3.24 中的摩擦系数可以发现,在摩擦系数抖动较大的部分,红外探头的数据波动也较剧烈,此时三者之间的差异也较大且不稳定;而在摩擦系数变化较稳定的部分,红外探头数据的波动变小,同时相互之间的差异也相对稳定。

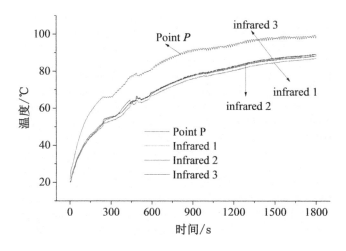

图 4.2 红外探头测量结果分析

Fig. 4.2 Temperature analysis of infrared thermometer

4.2.2 间接法

1. 研究方案

图 4.3 所示为间接法的流程。

(1)使用 120 目棕刚玉砂布打磨上下试样,并用丙酮擦洗干净,按照第 3 章所述的试验方案搭建试验平台,设置红外探头发射率为 1,热像仪发射率为 0.95,进行试验,并记录热像仪数据和接触界面辐射亮温。

(2)当试验运行一定时间后(5 min、10 min、15 min、20 min、25 min、30 min),停止试验并取下上试样,按照图 4.4 所示的自制设备装夹，设置一系列目标温度测量其表面发射率。

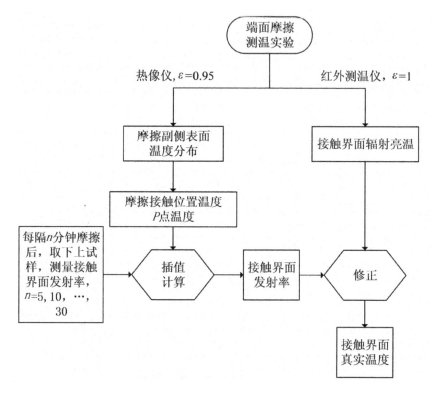

图 4.3　间接法研究接触界面发射率

Fig. 4.3　Research on the emissivity of contact interface using indirect method

（3）之后使用丙酮擦去油脂和磨屑，打磨上下试样，重新开始下一时长的试验，直至获得第 30 min 的表面发射率。

（4）按照上述方法，可以得到经过不同摩擦时间后，摩擦接触界面在不同温度下的发射率变化数据模型。

（5）以 P 点温度为基准，按照时间顺序引入上述数据模型，插值计算滑动界面随时间变化的发射率。

（6）将（4）中获得的发射率引入红外探头获得辐射亮温，进行修正，并讨论其修正效果。

2. 接触界面发射率测量试验设置

如图 4.4 所示，发射率测量装置由保温箱、热电偶、加热与温度控制装置及热像仪组成。

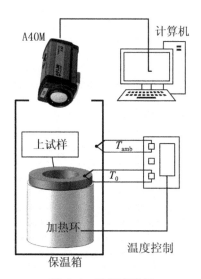

图 4.4　发射率测量

Fig. 4. 4　Measurement of the emissivity

（1）保温箱内部由玻璃纤维隔热纸包裹，并在表面喷涂发射率为 0.95 的哑光黑漆。

（2）上试样由电阻式加热圈加热（220 V 交流电），并通过布置在摩擦接触表面的 K 型热电偶及温控设备控制温度。

（3）热像仪通过保温箱上部圆孔拍摄待测试样。

测量时，设置热像仪发射率 $\varepsilon = 1$，将上试样和加热环放入测量箱内，分别设置温度为 20℃、40℃、60℃、80℃、100℃，加热并保温一段时间后，取接触界面上三处采样位置（以上试样与旋转主轴的连接销槽为标记得到），按照式（4.6）分别推导真实发射率并求平均值，最终得到接触界面的发射率。

3. 结果分析

分别将上试样接触界面进行打磨（120 目棕刚玉砂布）、喷涂哑光黑漆（$\varepsilon = 0.95$）以及均匀涂抹上述润滑脂（打磨后的表面），按照间接法得到的发射率如图 4.5 所示。其中，哑光黑漆表面在 40℃时的发射率为 0.91，之后稳定在 0.95，该结果与黑漆表面发射率是一致的，但是在 40℃时尚存在误差，该误差对测量和修正结果的影响将在下文展开分析；通常地，打磨后的钢表面发射率处于 0.1~0.2 之间[27]，本书的打磨表面也处于这个区间；涂抹润滑脂后，表面发射率发生了明显升高，并且其发射率由 40℃ 的 0.87 升高并稳定在 80℃ 和 100℃ 的 0.94，这是由于含有二硫化钼的润滑脂涂层改变了界面表层的状态引起的，这一点也将在下文的分析中进一步得到体现。

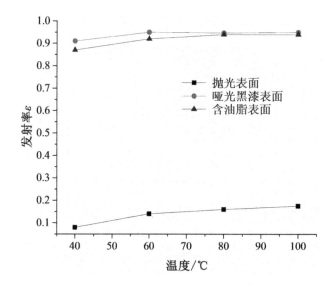

图 4.5　发射率测量装置效果验证

Fig. 4.5　Effect verification of the emissivity measurement device

下面分别以摩擦 5 min 和 20 min 后在不同温度下测量得到的结果为例，分析其发射率变化，结果如表 4.1 所示。

表 4.1　直接法测得的摩擦界面发射率

Tab. 4.1　Emissivity on friction interface observed through indirect method

摩擦时间 /min	位置	温度/℃			
		40	60	80	100
5	1	0.87	0.83	0.83	0.86
	2	0.91	0.89	0.85	0.90
	3	0.92	0.89	0.87	0.91
	平均值	0.90	0.87	0.85	0.89

续表 4-1

摩擦时间 /min	位置	温度/℃			
		40	60	80	100
20	1	0.89	0.87	0.87	0.91
	2	0.82	0.79	0.80	0.81
	3	0.90	0.89	0.88	0.92
	平均值	0.87	0.85	0.85	0.88

　　可见,即使摩擦的时间一致,摩擦接触界面不同位置处的发射率变化也存在较大的差异。实际上,上试样接触界面是在旋转的,红外探头测量的并不是某个固定区域的温度,而是滑动过的一定区域的温度,因此本书取三个区域的平均值作为插值的数据模型。按照这种方法,得到的摩擦副接触界面发射率的数据模型如图 4.6 所示。

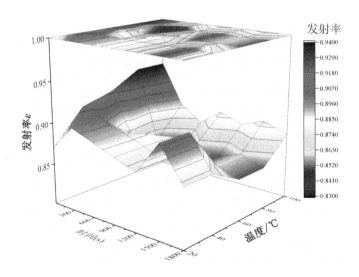

图 4.6　接触界面在不同摩擦时间后发射率随温度变化

Fig. 4. 6　Variation of interface emissivity after different friction time

　　可见,滑动接触界面发射率的变化不仅与摩擦时间有关,还与界面的温度有关。实际上,所有测量点的均值约为 0.88。本书提到的摩擦副在摩擦过程中,上试样接触界面的发射率变化波动范围并不是很大。

以热像仪测量得到的 P 点温度为插值点(该温度随着摩擦的进行瞬态变化,如图 4.2 所示),将时间和温度两个参数引入到图 4.6 所示的数据中,使用 Matlab 按照双三次方插值可以得到如图 4.7 所示的发射率变化。

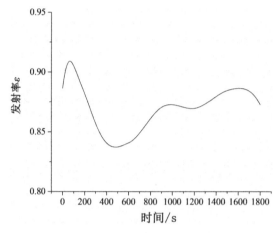

图 4.7　双三次方插值得到的发射率

Fig. 4.7　Emissivity via cubic interpolation

随着摩擦的进行,发射率则有先下降后升高的趋势,该趋势与 Kasem[42] 等人对制动盘表面发射率的研究结果相似。产生这种趋势的原因是:在摩擦的初始阶段(磨合),接触面上新的微凸体相互剪切,表面形貌变化较大,同时塑性变形产生的瞬时高温也导致发射率快速下降;而在后面的稳定磨损阶段,表面形貌变化变得不再剧烈,温升速率也趋于缓慢[42]。而本书得到的结果与其还有两点不同:一是本书得到的发射率整体上较大,这是由于本书研究的不是干摩擦表面,而是含有润滑脂膜(掺有二硫化钼)的表面,这种润滑膜导致表面发射率得到了提升,这与图 4.5 中的结果相互对应;二是 Kasem 等人的研究中使用的双色高温计采样频率很高,能够捕捉到接触界面发射率高频率的细节变化。本书研究的发射率是根据离散的测量点插值计算得到的,插值点间隔有限,因此只能得到发射率总体变化规律,而在描述变化细节上并不是很丰富。

利用图 4.7 中随时间变化的发射率 $\varepsilon(t)$ 对红外探头数据修正,可以得到图 4.8 所示的结果。

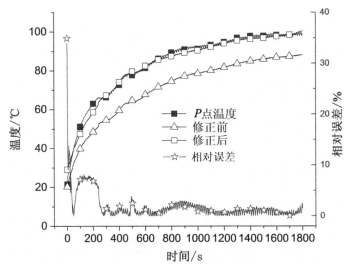

图 4.8　红外探头数据修正前后对比

Fig. 4. 8　Comparison of infrared thermometer data before and after the correction

修正后的温度与 P 点温度的差异整体上得到了缩小,平均相对误差已经在 5.78% 以内。结合前文对摩擦温度变化的分阶段分析,对修正结果也可以得到类似的结论:前 700 s 所得到的相对误差较大且波动明显(尤其是前 300 s 内),平均值为 2.99%(最大值为 34.89%)。造成这样结果的原因主要有两个:

(1)初始阶段摩擦接触界面的状态变化剧烈(微凸体的剪切引起的表面形貌变化、含磨屑的油脂的影响等),以及剧烈温升的原因,导致离散的测量数据尚不能描述该阶段发射率的瞬态变化。

(2)发射率测量装置本身在低温时尚含有一定的系统误差(如图 4.5 所示),该误差主要影响了前 150 s 的修正;700 s 后相对误差明显降低并稳定,其平均值为 1.11%(最大值为 2.97%),这是由于经过磨合阶段,接触界面的表面形貌在一定范围内变化,磨屑的产生量及润滑脂膜状态稳定,同时温升速率也变得平缓共同造成的。

综上所述,利用本书设计的间接法对红外探头数据修正,在稳定摩擦阶段具有较好的效果,但当摩擦系数变化剧烈时尚有不足,这是因为本书采样的插值点时间间隔为 5 min,而在摩擦初始阶段或者润滑条件并不十分充分时,摩擦系数的变化具有突发性和剧烈性的特点,故插值结果尚不能体现该变化。若增加采样插值点,会大大增加试验时间和计算量,并且磨合阶段摩擦状态变化的偶然性很强(每次试验的瞬态变化并不重合),也不能有效地提高其瞬态修正效果。

4.2.3　直接法

1. 研究方案

图 4.9 所示为使用直接法研究接触界面发射率的方案。

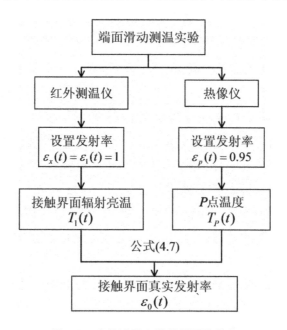

图 4.9　直接法研究接触界面发射率

Fig. 4.9　Research on the emissivity of contact interface using direct method

在间接法中，P 点温度已经作为参考温度引入离散测量的发射率采样点中，插值研究了接触界面的发射率变化，并实现了对辐射亮温的修正。而在 Kasem 等人的研究中[40,43,44,92]，直接将刚刚脱离摩擦的接触界面温度作为真实温度研究了界面发射率变化，因此在这里，不妨直接认为界面平均温度等于 P 点温度。摩擦测温试验中，若将红外探头的采集发射率设置为 $\varepsilon_x = \varepsilon_1(t) = 1$，则可以得到随时间变化的接触界面的平均辐射亮温 $T_1(t)$；处理非接触侧表面（喷涂哑光黑漆），使其发射率恒定且为 $\varepsilon_0 = 0.95$，则可以得到随时间变化的 P 点温度 $T_0(t)$，这样结合式(4.7)便可求得摩擦过程中的发射率变化 $\varepsilon_0(t)$。

2. 试验方法

试验准备与间接法一致，直接将准备好的上下试样在摩擦试验机上进行 30 min 的试验，记录热像仪温度和接触界面的辐射亮温即可。

3. 结果分析

同样以法向载荷为 400 N、旋转速度为 500 r/min 试验条件下的试验结果为例，发射率的修正结果如图 4.10 所示。

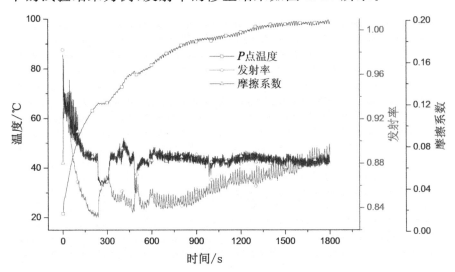

图 4.10　直接法下摩擦系数、温度及发射率变化规律

Fig. 4.10　Instantaneous friction coefficient, temperature and emissivity using direct method

从整体上观测,使用直接法得到的接触界面发射率也呈现先下降后上升的趋势。同样结合摩擦系数的变化情况,整个摩擦过程也可以分为两个阶段:在磨合阶段,摩擦温度急剧上升,接触界面发射率则陡然下降;在稳定摩擦阶段,摩擦温度逐渐趋于平衡,接触界面发射率则逐步缓慢上升。此外,通过直接法可以明显观察到摩擦过程中发射率的变化细节,尤其是其结果与摩擦系数的变化具有较好的同步性。发射率在摩擦系数变化剧烈阶段的波动也异常明显(如在 300 s 附近和 500 s 附近),这些时间节点都对应了红外热像仪数据和摩擦系数的抖动,也解释了出现抖动的原因——表面状态的改变带来的发射率变化。

4.2.4 两种方案效果分析

分别使用间接法和直接法得到的发射率的变化情况如图 4.11 所示。总来说二者的特点如下:

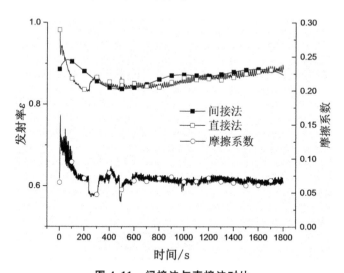

图 4.11　间接法与直接法对比

Fig. 4.11　Comparison between indirect and direct methods

(1)使用间接法对接触界面发射率进行研究,可以直接观测到摩擦接触界面获得一定摩擦时间后的发射率值;然而每次试验耗时较长,无法通过加密采样获取更密集的发射率变化值,因此不能准确描述发射率的任一时刻的变化,同时所使用的插值计算方法也会对计算结果带来影响。

（2）使用直接法对接触界面发射率进行研究,不仅能够较准确描述界面发射率在摩擦过程中的变化规律,而且试验过程也比较简单,适用于开展多种试验条件下的发射率研究工作。

使用间接法得到的是滑动接触界面的近似温度,但实际上,使用直接法研究接触界面上的发射率修正接触界面的辐射亮温,得到的是 P 点温度（即滑动接触界面最外侧温度）,认为其是滑动接触界面的近似温度。因此,接触界面上的温度还需要进一步的修正。这部分工作将在第 5 章中展开研究。

4.3　不同试验条件下的发射率变化研究

下面使用直接法分析不同试验条件下,接触界面发射率变化的规律。试验条件见表 4.2。

表 4.2　试验条件（直接法研究接触界面发射率）

Tab. 4.2　Experiment conditions(research on contact interface emissivity using direct method)

试验条件		载荷/N		
		200	300	400
转速 /(r/min)	300			D√
	400	A√	B√	C√
	500		E√	

4.3.1　测量得到的温度与辐射亮温分析

将 P 点温度和红外探头的辐射亮温（取三支红外探头的平均值）在各试验条件下随时间变化的情况绘制于图 4.12,以分析其温度变化规律。其中 A(P)代表条件 A 下 P 点的温度,A(TBB)则代表条件 A 下滑动接触界面的辐射亮温,其他依次类推。

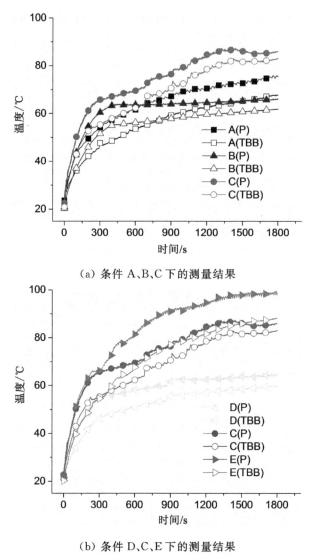

（a）条件 A、B、C 下的测量结果

（b）条件 D、C、E 下的测量结果

图 4.12　不同试验条件下摩擦副温度场的红外测量

Fig. 4. 12　Infrared measurement of the friction temperature field under different conditions

首先,在任意试验条件下,其 P 点温度变化与区域 B 的辐射亮温(下文简称为亮温)明显低于 P 点温度,并且都具有相同的变化趋势;其次,温升速度在前 300 s 都很高,随后都出现了逐渐变缓的趋势,出现这些现象的原因前文已经分析;最后,在不同的试验条件下,其步入热平衡的时间也不相同,例如条件 B 和条件 E,这与每个试验条件下的摩擦系数变化有一定的关系。图 4.12(a) 所示的三个试验是在相同转速 400 r/min，不同载荷条件下的测量结果。测量得到的 P 点最高温度并不是随着载荷的增加而增大，B(P) 虽然在前 656 s 温度高于 A(P)，但随后被又 A(P) 反超。根据摩擦生热公式 $q = \mu p v$，影响热量生成的不仅仅是载荷 p 和相对滑动速度 v，还有摩擦系数 μ，虽然条件 B 载荷 300 N 大于 A 的 200 N，但对比二者的摩擦系数发现，整个摩擦过程中，条件 A 下的平均摩擦系数为 0.084，明显大于条件 B 下的 0.06；而在 656 秒后，条件 A 下的平均摩擦系数为 0.081，条件 B 下的平均摩擦系数只有 0.049，差距更为明显，因此造成了这种结果。

4.3.2　不同试验条件下的发射率变化规律

1. 不同试验条件下发射率变化

图 4.13 所示为按照直接法计算得到的不同试验条件下的发射率变化规律。

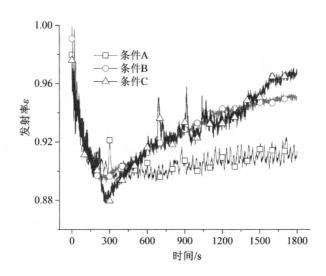

(a) 条件 A、B、C 下的发射率变化趋势

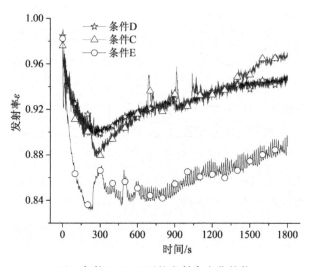

（b）条件 D、C、E 下的发射率变化趋势

图 4.13　不同试验条件下接触界面发射率随时间变化

Fig. 4.13　Instantaneous emissivity of contact interface under different conditions

在本章研究所使用的摩擦副中，所有的试验条件下，发射率都呈现先下降后缓慢波动上升的趋势。接下来找出两种区别较大的试验条件，结合其摩擦系数及温度变化，对这种现象进一步分析。

2. 摩擦系数与表面发射率之间的关系

图 4.14(a) 和图 4.14(b) 分别为条件 B 和条件 E 下的温度、发射率变化。条件 B 下的摩擦系数与温度、发射率变化趋势代表了润滑状态较好的常见摩擦过程；而条件 E 下，由于载荷和相对滑动速度的提高，摩擦副工作状态并不稳定。

可见，前文按照摩擦过程将发射率分为两个变化阶段的方法同样适用于这里的分析：即在磨合阶段滑动接触界面的发射率则陡然下降；而在稳定磨损阶段，发射率也呈现较为稳定的变化趋势——缓慢上升并趋于稳定。

在条件 E 下，摩擦系数在 300 s 和 500 s 左右发生骤降，对应的时间段，发射率则出现了增大的趋势，并在摩擦系数恢复后缓慢恢复正常。由于摩擦表面的复杂性,表面形貌、油膜中含杂质的多少、油膜的厚度、当前的温度及其温度变化率等因素都会对发射率产生影响[44],因此出现这种变化的具体原因有待更深入的研究。

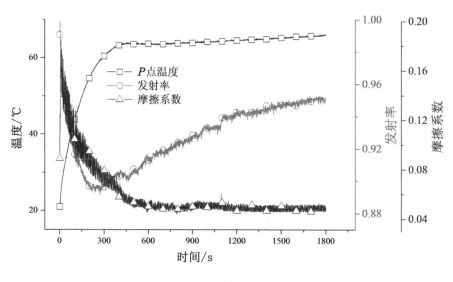

（a）条件 B

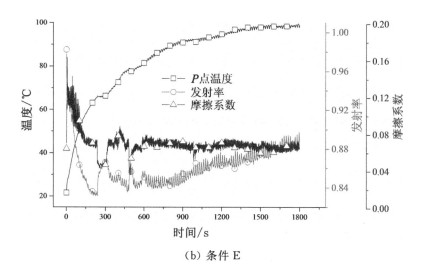

（b）条件 E

图 4.14 摩擦系数、温度及发射率变化规律

Fig. 4.14 Instantaneous friction coefficient,temperature and emissivity

综上所述,虽然间接法和直接法在修正时使用的都是滑动接触界面最外侧的温度,得到的也只是滑动接触界面的近似平均温度(直接法修正后得到的实际上是滑动接触界面最外侧温度),但是这种思路表明,即使在今后的研究中不使用热像仪(实际上因为热像仪造价昂贵,在摩擦磨损试验机中极少使用),通过滑动接触界面的发射率研究确定其在某种具体试验条件下的发射率变化趋势和区间,也能够实现对接触界面辐射亮温的初步修正,进而得到接触界面的平均温度或近似平均温度。

4.4　本章小结

本章分析了发射率对红外测温结果的影响,使用两种方案研究了接触界面发射率在摩擦过程中的变化规律,并对测量得到的接触界面辐射亮温进行了初步修正。主要研究内容有以下五点:

(1)设计了两种研究含脂非高温摩擦接触界面发射率的方案。

(2)使用间接法获得了摩擦接触界面发射率,并利用其修正了界面辐射亮温,将获得的结果与 P 点温度对比可知:在稳定摩擦阶段,能够得到较小的相对误差,约为 1.11%;但在磨合阶段,由于接触界面的表面状态变化剧烈,即使重复试验,其变化的规律也都不相同,因此无法改善其修正效果。

(3)相对于间接法,直接法能够更准确地体现摩擦过程中发射率的瞬态变化,且具有测量简单、耗时少的优点。

(4)在多组试验条件下,使用直接法研究了脂(含 10%重量的二硫化钼的锂基润滑脂)润滑的端面滑动摩擦接触界面的发射率;结果表明,在定载定速条件下,处于磨合阶段的滑动接触界面,由于表面形貌的剧烈变化,以及较快的温升速率,造成表面材料及润滑膜的性质变化,会导致接触界面发射率骤降;而处于稳定磨损阶段时,由于表面形貌变化稳定,且温升速率也趋于平缓,导致发射率缓慢上升并趋于稳定；总体上，其发射率在 0.88 附近波动。

（5）无论是间接法还是直接法，利用其获得的发射率对滑动接触界面辐射亮温的修正所得到的仍然是滑动接触界面的近似温度，需要更进一步的修正。

第5章 端面滑动摩擦温度场修正方法研究及模型建立

本章将第 4 章获得的滑动接触界面近似温度引入第 2 章的温度场构建模型进行计算,检验所建温度场的准确性,并建立模型,使用摩擦副侧表面温度数据进一步修正滑动接触界面温度。

5.1 端面滑动摩擦温度场模型构建

5.1.1 模型的简化与假设

1. 全轴对称模型

端面滑动摩擦副结构是全轴对称的,其唯一热源来自于接触界面。将分析模型简化为图 5.1 所示的全轴对称模型,其中 z 轴为对称轴。

式(1.4)至式(1.9)所述为笛卡尔坐标下的热传导方程,在轴对称坐标系下,式(1.4)应该写作

$$\frac{\rho C_p}{\lambda} \frac{\partial T}{\partial t} = \frac{1}{r} \frac{\partial}{\partial r} \left(r \frac{\partial T}{\partial r} \right) + \frac{\partial^2 T}{\partial z^2} \tag{5.1}$$

边界 L1 为滑动摩擦接触界面,本书认为该面上所有点在同一时刻的温度处处相等,且等于接触界面辐射亮温的修正值,故根据式(1.5)可知,在该边界有

$$T|_{\partial L1} = g(t) \tag{5.2}$$

式中, $g(t)$ 为初步修正后的接触界面辐射亮温。

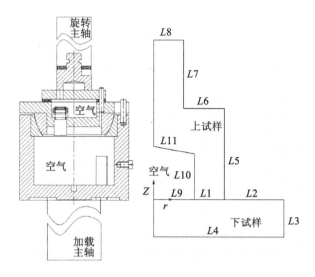

图 5.1　端面滑动摩擦副温度场轴对称模型及边界

Fig. 5.1　The axisymmetric model and boundaries of end-face sliding friction pair

边界 $L2$、$L3$、$L5$ 与周围空气接触,存在对流换热,即第三类边界条件,据式(1.7)有

$$-\lambda \frac{\partial T}{\partial n} \mid_{Lx} = h(t_{\ddot{\omega}} - t_f), x = 2,3,5 \tag{5.3}$$

在边界 $L9$、$L10$ 及 $L11$ 围成的小空间内,存在少量空气,由于空间密闭,认为这三个边界是绝热的,则有

$$-\lambda \frac{\partial T}{\partial n} \mid_{Lx} = 0, x = 9,10,11 \tag{5.4}$$

边界 $L7$、$L8$ 插入试验机的上试样夹具中,与试验机上的孔过渡配合,因此认为这两个边界上的热可以自由传向夹具。

边界 $L6$ 与旋转主轴之间有一层隔热材料,规定 $L6$ 与隔热材料间自由传热,隔热材料与旋转主轴间也自由传热。相对于试验机上的旋转主轴,上试样尺寸很小,旋转主轴的远端认为是半无限大热边界。

边界 $L4$ 内侧部分与空气接触,该空气位于试样、夹具和红外探头构成的的密闭空间里,因此认为该边界是绝热的。而另外一部分与隔热材料接触,隔热材料的另一端则和下试样夹具接触

(图 3.10),下试样夹具与加载主轴和机架相连,同上所述,此处规定下试样与隔热材料间自由传热,隔热材料与下试样夹具间也自由传热,而下试样夹具的远端则认为是半无限大热边界。

2. 模型假设

(1)摩擦接触界面的法向载荷处处相等。

(2)实际接触面积等于名义接触面积。

(3)上下试样的接触界面在摩擦过程中,对应点温度始终是相等的。

(4)所有材料均匀且各向同性。

5.1.2　材料热物理属性的获取

摩擦热的产生与摩擦过程中消耗的机械能相关,热量产生之后的传导则主要与摩擦副的结构及构成摩擦副的材料属性相关。因此,获得准确的摩擦副材料属性是摩擦温度场重建的前提。与温度场相关的材料参数主要有密度、导热率和比热容三个。

测量材料导热率的方法,主要有稳态法和瞬态法两种。稳态法是最早使用的测量方法,其依据傅里叶一维稳态热传导模型,测量精度较高,但是测量中需要等待系统和试样至热平衡状态,耗时较长。瞬态法中最为常见的是激光闪射法,其原理如图 5.2 所示。

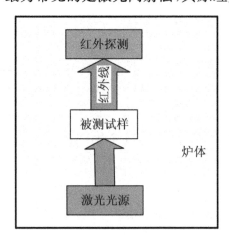

图 5.2　激光闪射法

Fig. 5.2　Laser flash analyzer

测量时,首先要将炉体控制在一定的恒温下,使用激光光源发射一束瞬时光脉冲,均匀照射在待测试样下表面;下表面则在吸收这部分能量后产生瞬时温升,能量同时由热端向冷端(上表面)传导(理想条件下,尽可能缩小脉冲轰击的间隔,可以认为热量在试样内的传导属于一维传热,且与外界绝热,无热损耗);同时,使用红外检测器连续测量样品上表面中心部位的相应温升过程,根据温升情况便可以计算得到材料的热扩散率和比热容[93]。这种方法测量速度快,适用于各向同性、均质且不透光的材料,尤其是具有较高导热率的金属材料。

本书使用了德国耐驰公司生产的 LFA457 型激光热导仪测量材料参数。LFA457 的各项参数见表 5.1。

表 5.1 激光热导仪-LFA457 性能参数

Tab. 5.1 Performance parameters of laser conductometer LFA457

参数	指标
炉体温度	$-100\sim500℃$(更换炉体可达 1000℃)
测量范围	热扩散系数:$0.01\sim1000\ \text{mm}^2/\text{s}$ 导热系数:$0.1\sim2000\ \text{W/m·K}$
试样尺寸	直径 $\phi12.5\ \text{mm}$,厚度 $0.1\sim6\ \text{mm}$
激光功率	$15\ \text{J/pulse}$(最高,可调)

考虑到本书讨论的摩擦副在试验过程中的温升处于非高温区间,因此认为其热物理属性不随温度发生变化,所有的测量都是在 30℃ 炉温下进行的。各材料热物理属性的测量值见表 5.2。

选择这几种材料作为上下试样,主要基于两点考虑:

(1)45 钢是端面滑动摩擦试验中较为常用的上试样之一。

(2)几种下试样都是常用的摩擦材料:铝合金因密度小常用在发动机汽缸,锡青铜因其减磨性能常应用于滑动轴承,高力黄铜则因其较高的承载能力而常作为自润滑轴承的基底。

表 5.2　试样及夹具材料的热物理属性

Tab. 5. 2　Thermal physical properties of samples and fixtures

材料		热物理属性（30℃）			
		导热系数 $\lambda/[\mathrm{W}/(\mathrm{m} \cdot \mathrm{K})]$	比热容 $C_{p}/(\mathrm{J}/\mathrm{kg}/\mathrm{K})$	热扩散系数 $a/(\mathrm{mm}^2/\mathrm{s})$	密度 $\rho/(\mathrm{kg}/\mathrm{m}^3)$
上试样	45 钢	52.697	454	15.080	7688
下试样	铝合金	135.701	744	58.931	3108
	锡青铜	62.891	345	20.961	8727
	高力黄铜	36.545	387	12.259	7690
关节轴承	轴承钢	28.336	487	7.620	7667
夹具	45 钢	52.474	459	14.890	7669

注：表中结果为多次测量平均值。

5.1.3　滑动接触界面上的温度边界

根据第 2 章所建的温度场构建模型，将滑动接触界面的温度作为第一类边界条件引入计算，如图 5.3 所示。

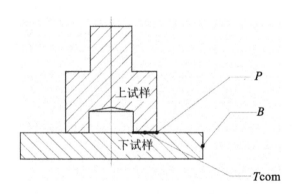

图 5.3　摩擦温度场构建的温度边界条件

Fig. 5. 3　Temperature boundary conditions for the construction of friction temperature field

通过红外探头的测量，能够获得滑动接触界面的辐射亮温；又经过接触界面的发射率研究，实现了该辐射亮温的修正，修正后的结果即可认为是接触界面的边界条件 T_{con}；而在发射率研究时，是以 P 点温度作为标准的，因此该边界条件近似等于 P 点温度。B 点是下试样侧表面厚度的中点，该点的温度用于检验温度场构建计算的准确性。

5.1.4　摩擦副及夹具外表面对流换热的计算

1. 影响对流换热的主要因素

任何热系统都处于一定的环境中，并与环境发生热交换。其中，固体表面与流体之间的热传递称作对流换热。本书研究的摩擦温度分析系统中，试样及夹具的表面与空气间存在着对流换热。数学求解对流换热问题极其复杂，在许多实际问题的分析中，往往需要通过试验获得的经验公式确定。对流换热的数学计算如式(5.3)所示，本小节主要讨论的是对流换热系数 h。

影响空气对流换热系数 h 的因素有以下几点[94]：

(1)引起空气流动的起因。空气流动的原因有三种，一种是由风机或其他外部力量造成的；另一种是由于空气本身密度的改变造成的(如受热时热胀冷缩)。这两种流动分别称作强迫对流和自然对流。此外，还有一种包含了上述两种对流形式，被称作混合对流。

(2)空气的流动状态。空气流动可以分为两种：一种是层流，此时空气微团沿着流动方向具有分层规则运动；另一种称为湍流，空气微团相互间由于速度脉冲发生较剧烈的相互混合。

(3)空气的物理性质。空气本身的黏度、导热系数、比热容、密度及湿度等因素都会影响热量的传递，进而影响换热系数。空气物理性质可查表 5.3[95]获得。

(4)表面的几何特征。几何特征主要指换热表面的几何形状、粗糙度以及与空气的相对位置等。例如，换热面朝下还是朝上所形成的自然对流特性相差甚远。

一般地，换热系数 h 可以用函数表示

$$h = f(u, \rho, \lambda_{air}, c_p, \mu, l, T_w, T_f, \cdots) \tag{5.5}$$

其中,l 是换热表面的特征长度。

表 5.3　空气的物理性质

Tab. 5.3　Physical property of atmosphere

温度 t /(℃)	密度 ρ /(kg/m³)	比热容 C_p /[kJ/(kg·K)]	导热系数 λ_{air} /[W/(m·K)]	热扩散率 $a \times 10^6$ /(m²/s)	黏度 $\eta \times 10^6$ /(Pa·s)	运动黏度 $v \times 10^6$ /(m²/s)	普朗特数 Pr
0	1.293	1.005	244	18.8	17.0	13.28	0.707
20	1.205	1.005	259	21.4	18.1	15.06	0.703
40	1.128	1.005	276	24.3	19.1	16.96	0.699
60	1.060	1.005	290	27.2	20.1	18.97	0.696
80	1.000	1.009	305	30.2	21.1	21.09	0.692
100	0.946	1.009	321	33.6	21.9	23.13	0.688
120	0.898	1.009	334	36.8	22.8	25.45	0.686
140	0.854	1.013	349	40.3	23.7	27.80	0.684

注:1. 本表描述的是标准大气压下干空气的参数。

　　2. 普朗特数 $Pr = v/a$,是运动黏度与热扩散率的比值,无量纲。物理意义为流体的动量扩散能力与热量扩散能力之比。

　　3. 查表时,温度指代的是定性温度,是换热表面温度和流体温度的平均值。

2. 与空气对流换热系数相关参数的确定

下面以图 5.1 所示的边界 $L2$、$L3$、$L5$ 为例,使用经验公式说明与空气对流换热系数的计算。

(1)确定换热表面与空气的特征长度。特征长度是讨论换热系数的基础,它的确定受到换热面与空气相对位置和外观尺寸的影响。例如,对于竖壁和直立圆柱,高度为特征长度;对于放倒的圆柱,则外径是特征长度;而对于水平表面,则根据热面朝上还是朝下选择相应的参数。

边界 $L2$ 属于热面朝上的水平表面,其特征长度为 $L2$ 的长度;而对于边界 $L3$ 和 $L5$,则属于竖直圆柱的侧表面,其特征长度为圆柱各自的高度。

（2）确定引起空气流动的原因。判定引起空气流动的原因，以 Gr/Re^2 判定换热状态。

Gr 是自然对流流动时的定量标志，能够表征黏滞力和流动浮升力的相对大小。

$$Gr = \frac{g\alpha_v \Delta t l^3}{\nu^2} \tag{5.6}$$

式中：g 为重力加速度；α_v 是空气的体积膨胀系数；Δt 是换热表面温度与空气的温差；l 为换热表面的特征长度。

Re 是强迫对流流动时的定量标志，能够表征流动惯性力和黏滞力的相对大小。

$$Re = \frac{\rho v d}{\eta} \tag{5.7}$$

式中：ρ 为空气的密度；v 为流动速度；d 为特征长度；η 为空气的黏度。

判定方法见表 5.4。

表 5.4　对流换热形式的判定

Tab. 5.4　The criterion of convection heat transfer

判定标准	换热形式
$Gr/Re^2 \leqslant 0.1$	自然对流
$Gr/Re^2 \geqslant 10$	强制对流
$Gr/Re^2 \in (0.1,10)$	混合对流

（3）层流紊流的判定。层流紊流的判定与格拉晓夫数和普朗特数的乘积有关，但根据换热表面的不同特征，判定标准也有不同。下文将在换热系数计算时根据实际情况分别介绍。

3. 换热系数的计算

换热系数可以按照下式计算：

$$h = \frac{Nu\lambda_{air}}{D} \tag{5.8}$$

式中：Nu 为努赛尔数，表示对流换热的强烈程度；D 为等效特征尺寸。

同样以边界 $L2$、$L3$ 和 $L5$ 为例，按照上述判定方法，可以得到这三个边界上的换热系数如下：

（1）边界 $L2$，属于静止状态下热面朝上的水平表面。静止的水平表面与空气换热可以看作自然对流换热。其努赛尔数可以写为

$$Nu = c(Gr \cdot Pr)^n \tag{5.9}$$

其中，式中需要使用的温度数值为定性温度（见表 5.3），c 和 n 与空气流动属于层流还是紊流有关，判定也与 $Gr \cdot Pr$ 相关：

若 $2 \times 10^4 \leqslant Gr \cdot Pr < 5 \times 10^6$，则认为是层流状态，对应的 $c = 0.54$，$n = 1/4$；

若 $5 \times 10^6 \leqslant Gr \cdot Pr < 10^{11}$，则认为是紊流状态，对应的 $c = 0.15$，$n = 1/3$。

（2）边界 $L3$，属于静止的竖直圆柱。静止竖直圆柱同样可以认为是自然对流换热，努赛尔数的计算同式（5.9），其层流和紊流判定如下：

若 $10^4 \leqslant Gr \cdot Pr < 10^9$，则认为是层流状态，对应的 $c = 0.59$，$n = 1/4$；

若 $10^9 \leqslant Gr \cdot Pr < 10^{13}$，则认为是紊流状态，对应的 $c = 0.11$，$n = 1/3$。

（3）边界 $L5$，属于旋转运动的竖直圆柱。旋转运动中的上试样，换热表面与空气间存在相对运动，本书将该问题等效认为是横掠单管的对流换热。空气的努赛尔数按照下式即可计算

$$Nu = cRe^n \tag{5.10}$$

旋转的上试样侧表面的雷诺数计算如下

$$Re = \frac{ul_1}{\upsilon} = \frac{\dfrac{\omega \pi D_1}{60} l_1}{\upsilon} \tag{5.11}$$

其中，ω 为转动速度；D_1 为侧表面直径；l_1 为侧表面的长度。

根据 Re 的大小，使用不同的 c 和 n：

若 $0.4 \leqslant Re < 4$，则 $c = 0.891$，$n = 0.33$；

若 $4 \leqslant Re < 40$，则 $c = 0.821, n = 0.385$；

若 $40 \leqslant Re < 4000$，则 $c = 0.615, n = 0.466$；

若 $4000 \leqslant Re < 40000$，则 $c = 0.174, n = 0.618$；

若 $40000 \leqslant Re < 400000$，则 $c = 0.239, n = 0.805$.

Churchill 和 Bernstein 也给出了实用性更广泛的计算公式

$$Nu = 0.3 + \frac{0.62 \, Re^{1/2} \, Pr^{1/3}}{[1 + (0.4/Pr)^{2/3}]^{1/4}} \left[1 + \left(\frac{Re}{282000} \right)^{5/8} \right]^{4/5} \tag{5.12}$$

以上为三个主要表面换热系数的计算，其他表面的换热情况可根据情况依次进行计算。由于试验中上试样转动速度不同，为方便计算，使用 Matlab 编写的相关函数，用于下文分析系统的调用。

5.2　端面滑动摩擦温度场的构建计算

5.2.1　热传导问题的求解

求解温度场，通常有解析法和数值法两种。

解析法能够通过严格的公式得到较为精确的温度场，但很难对复杂几何形状和边界条件的模型求解。数值法实际上是将连续的模型离散成许多节点以及邻近节点组成的小区域，再对这些节点进行求解的过程。解析法能够在模型中任一点得到精确的解，而数值法即便是在离散的节点上，得到的解也仅仅近似等于精确解，但是当遇到复杂的微分方程组及不明朗的初始边界条件时，数值解法往往更能胜任。本书所建立的端面滑动摩擦副温度场分析模型，边界条件和几何形状都较为复杂，因此选用数值法计算。

常见的数值解法有差分法和有限元法等，有限元法适用于复杂边界分析，几乎能够涵盖所有连续介质问题的求解，因此选择有限元法作为本书的分析手段。

5.2.2 有限元计算的实现

有限元分析(Finite Element Analysis,FEA),是一种将复杂问题简单化的求解方法。它将整个求解域划分成许多相互连接的子域(称为单元),求解时先给出每个单元的近似解,而后再推导求解域的满足条件,最终得到整个求解域的近似解[96]。

目前,常用的有限元计算软件主要有 Nastran、Ansys、Abaqus、Marc、Adina 和 Comsol 等。这些软件各有优点,例如 Nastran 在线性和动力计算中表现不俗;Abaqus 则在求解非线性问题上表现突出,适用于庞大的复杂问题;Comsol 是从 Matlab 一个分析工具发展起来的,虽然起步较晚,但具有强大的二次开发特性,同时界面简单,具有强大的多场耦合计算等优点,因此聚拢了一批用户。

国内用户数量最多的有限元分析软件之一是 Ansys。Ansys 具有较强的多物理场耦合分析能力,其收购的诸多软件如 Fluent、Icepak 等,增强了其对各种问题分析的适用性。尤其是其类似于 Fortran 语言的 APDL 语言,降低了其二次开发的门槛。因此,本书将基于 Ansys 进行相关计算。

5.2.3 Ansys 温度场分析步骤

Ansys 分析有三个步骤:前处理、分析计算和后处理,如图 5.4 所示。

1. 前处理

该步骤主要进行分析单元的选择、分析模型的建立及网格的划分。Ansys 用于热分析的单元很多,如一维的热分析 LINK 单元、二维的 PLANE 单元和三维的 SOLID 单元。本书已将模型转化为全轴对称的二维模型,能够实现轴对称单元分析的有 Plane33、Plane55、Plane77 等。本书使用的 Plane55 单元具有四个节点,每个节点有一个温度自由度。分析模型建立包括构建分析对象的物理模型和赋予材料参数等部分。网格划分是有限元分析的重要部分,网格划分的质量直接影响计算的精度和时间,需要控制网格总数量,合理布局网格疏密(在关键位置加密网格)并控制网格的质量(网格几何形状要合理)[97]。

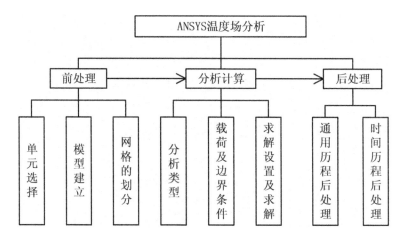

图 5.4 Ansys 温度场分析步骤

Fig. 5.4 Temperature field analytical procedure using Ansys

2. 分析计算

Ansys 的分析类型主要有稳态、瞬态和重启动分析等。本书使用瞬态分析,结合 APDL 编程,实现温度场的重建和修正。

3. 后处理

Ansys 后处理有两种:通用历程后处理和时间历程后处理,分别关注计算中某个时间步的结果分析和整个计算时间步的瞬态分析。

5.2.4 结合 VB、APDL 语言和 Matlab 实现温度场分析

Ansys 提供的操作界面有三种:Ansys 经典界面、Workbench 和 APDL 语言。Ansys 经典界面开发于早期,界面简单实用,步

骤清晰,然而界面交互体验较差。Workbench 是近些年推出的人机交互界面,它将各个不同场的分析模块化,可以通过组合实现多场的耦合,并且其操作更为人性化。同时,Ansys 提供了类似于 Fortran 语言的 APDL 语言,能够制作成命令流文件,实现参数化分析,同时也易于实现二次开发。命令流文件占用存储空间较小,便于携带,有利于促进交流。但是 APDL 语言需要一定的编程基础和 Ansys 操作经验才能编写和修改[98]。

摩擦温度场分析需要使用不同的边界条件(例如换热系数使用 Matlab 计算),为了避免使用过程中直接操作命令流文件,本书结合 VB、Matlab 和 Ansys 的 APDL 语言开发了端面滑动摩擦温度场分析系统。系统的结构如图 5.5 所示。

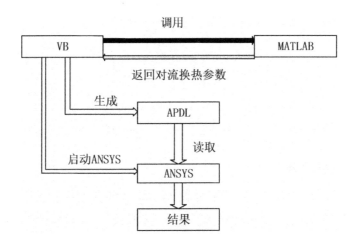

图 5.5　端面滑动摩擦温度场分系统结构

Fig. 5. 5　Temperature field analysis system for end-face sliding friction

系统可以分为 APDL 命令流的封装、对 Ansys 的调用计算和人机交互系统三个部分。

1. VB 对 APDL 命令流的封装

Ansys 可以直接调用 APDL 命令流文件实现计算和后处理。使用 VB 编写界面友好的交互界面,通过较为简单的设置,使其"自动生成"APDL 语言,可以让没有 Ansys 使用经验的人完成分析。在封装过程中,VB 主要完成以下两个工作。

（1）VB 调用 Matlab 编写完成的对流换热程序，计算各个换热面的对流换热系数，并赋值给 APDL 命令流。

将对流换热计算程序封装为 dll 文件，并在系统内完成注册，本书分别根据需要用到的换热计算划分为 rotation. dll（旋转竖壁）、vertical. dll（静止竖壁）和 horizontal. dll（静止水平壁）三类；

在 VB 内引用已经注册过的 dll 文件，定义函数和变量，调用 dll 计算并赋值，以旋转竖壁为例，调用过程如下：

Dim rotationhuanre As New rotation. roro'rotationhuanre 是 VB 中定义的变量；rotation 是 dll 文件名，也是 VB 引用的组件名；roro 则是类名；

Dimy As Double' 定义变量，存放结果；

Call rotationhuanre. rotation(1,y,x1,x2,x3,x4,x5)' 是调用命令，其中 x1,x2,x3,x4,x5 是计算时需要的参数量（详见换热系数的计算）。

（2）热分析基本程序的 APDL 封装。使用 VB 封装 APDL 文件很简单，直接使用 print 文件将需要的命令流输出到 txt 文件中即可。需要注意的是，Ansys 只能读取以 ANSI 编码的 txt 文件。

2. VB 对 Ansys 的调用

在完成上述 APDL 语言的封装后，VB 可以直接调用 Ansys 程序，使其读取封装后的 APDL 命令流，计算并输出结果。调用时需要定义一个变量（本书定义为 aa，其他任何没有使用过的变量也可以），调用命令为

```
Dim aa
aa= hell("C:\\Program Files\\ANSYS Inc\\v145\\
ansys\\bin\\winx64\\ANSYS145. exe -b -p ane3fl -dir " &
gongzuomulu & "-i " & VB 生成的 APDL 文件目录 & "\\" & VB
生成的分析文件名 & ". txt" & "-o " & VB 生成的 APDL 文件目
录 & "\\" & VB 生成的分析文件名 & ". log",1)
```

其中，C:\\Program Files\\～\\表示执行 Ansy 程序的安装路径；ane3fl 为 Ansys 软件在 Multiphysics（多物理场）计算模块

下的产品特征代码;-b 表示 VB 启动的是 ANSYS 的批处理计算模式;使用的是 VB 生成的 APDL 命令流热分析文件;log 文件为 Ansys 计算状态输出文件。需要注意的是,VB 所生成 APDL 文件所在的目录只能由英文字母和数字组成,否则 Ansys 不能正常启动。

3. 人机交互系统

基于上述程序编写,本书完成了温度场分析程序的可视化交互系统的设计,如图 5.6 所示,按照三个步骤即可实现分析。

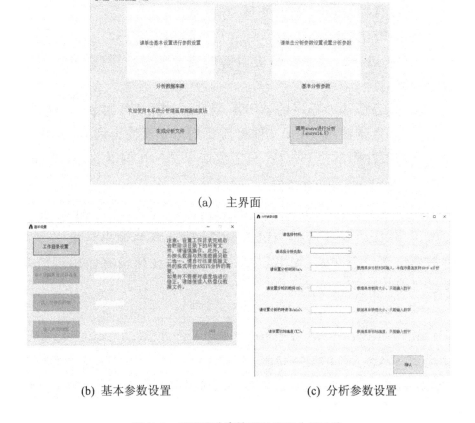

(a) 主界面

(b) 基本参数设置　　　　　　　　(c) 分析参数设置

图 5.6　端面滑动摩擦副温度场分析系统

Fig. 5. 6　Temperature field analysis syetem of end-face sliding friction

（1）基本参数设置。图 5.6（b）主要用于设置分析的目录、读入分析所需的数据等。需要注意的是，为了保证文件夹内只有与计算相关的文件，设置工作目录会先删除该文件夹下的所有文件，因此最好使用全新目录，避免误删。而读入的数据是红外探头数据和热像仪数据（界面中预留有热流数据，是为了今后扩展热流分析所设）。

（2）分析参数设置。图 5.6（c）主要是用于选择下试样的材料、分析时间、载荷、转速及初始温度等数据。

（3）生成分析文件并分析。当上述两种设置全部完成后，主界面［图 5.6（a）］中分析"数据来源"和"基本分析参数"两个 Lable 框中将会显示已经设置好的参数（注意必须所有参数均设置成功才能显示），此时单击"生成分析文件"便可自动生成该分析条件下的 APDL 命令流，之后单击"调用 Ansys 进行分析"即可启动计算。

5.2.5　引入接触界面测量温度的摩擦温度场构建结果

下面以锡青铜下试样在 400 N、500 r/min 下获得的滑动接触界面近似温度为第一类边界条件，导入上述分析系统，构建温度场，计算得到 B 点（图 5.3）的温度，与测量值的对比如图 5.7 所示。可见，以初步修正后的近似温度重建温度场，与实测数据还是存在一定差距。其误差的波动在 600 s 以前较大，这也与前文磨合阶段所分析的摩擦特性相关。造成误差原因主要有三个：一是上试样旋转，P 点温度实际上是接触界面最外侧圆环上不同点的温度，摩擦和热传导并非严格的全轴对称模型；二是摩擦接触界面复杂的环境（润滑脂、抖动等因素）会造成测量上的误差；三是使用发射率进行修正，得到的本身就是接触界面的近似温度。但是，B 点温度的计算值已经很接近其测量值，这对下一步的修正计算十分有利。

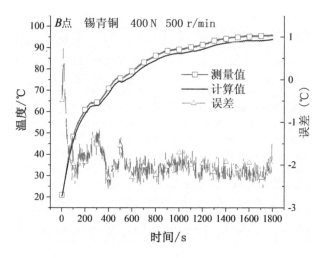

图 5.7　摩擦温度场构建结果分析

Fig. 5.7　Analysis on the construction result of friction temperature field

5.3　端面滑动摩擦温度场修正模型及算法实现

　　针对上述问题,设计了如图 5.8 所示的温度场修正模型。其中用于修正的测量温度来自热像仪。测量获得的摩擦界面近似温度作为边界条件引入固体热传导方程,获得一系列关键点的计算值(这些关键点通常便于测量和引入模型实现修正计算),这些计算值与测量值进行对比,通过建立的温度场修正模型对摩擦接触界面初测温度进行修正,循环直至计算值与测量值之间的差达到允许范围,便可得到精度较高的新的摩擦接触界面瞬态温度场。

5.3.1　BP 神经网络算法

　　根据第 1 章中的分析,温度场的修正计算实际上是热传导的反问题。

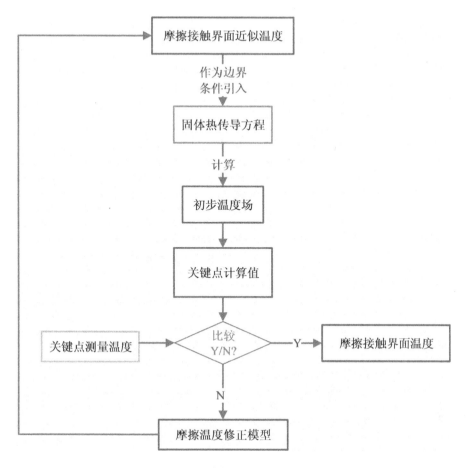

图 5.8　端面滑动摩擦温度场构建及修正方案

Fig. 5. 8　Construction and correction of end-face sliding friction temperature field

BP 神经网路算法,即误差反向传播算法,由 20 世纪 80 年代的 Geoffrey Hinton 和 David Runelhart 等人分别独立发现[99],能够实现权值调整有效算法的功能,具有较好的全局搜索适应性,因此选用该算法实现修正计算。

BP 神经网络的结构如图 5.9 所示,学习规程包括正向传播和反向传播两个过程:正向传播指的是从输入层传入输入样本,经过若干隐含层的处理后,由输出层实际输出,比对输出层与期望输出,如若不符,则进入反向传播;反向传播传递的是输出误差,输出误差则与正向输入的传递相仿,将误差分摊给输入单元,最终使用误差信号作为单个单元的权值。通过迭代修正的过程，实现网络的学习和训练。

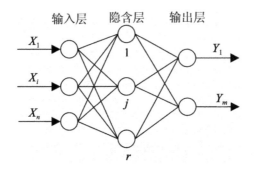

图 5.9　BP 神经网络算法结构

Fig. 5.9　Structure of ANN-BP algorithm

根据图 5.9，对于仅有一个隐含层的模型，假设输入参数共有 n 个，即输入

$$X = (x_1, \cdots, x_i, \cdots, x_n) \tag{5.13}$$

隐含层共包含 r 个神经元，即

$$Z = (z_1, \cdots, z_j, \cdots, z_r) \tag{5.14}$$

输出共有 m 个参数，即输出

$$Y = (y_1, \cdots, y_k, \cdots, x_m) \tag{5.15}$$

定义输入层到隐含层的权值矩阵为

$$W = \begin{bmatrix} w_{11} & w_{1j} & \cdots & w_{1r} \\ w_{i1} & w_{ij} & \cdots & w_{ir} \\ \cdots & \cdots & & \cdots \\ w_{n1} & w_{nj} & \cdots & w_{nr} \end{bmatrix} \tag{5.16}$$

定义隐含层到输出层的权值矩阵为

$$V = \begin{bmatrix} v_{11} & v_{1k} & \cdots & v_{1m} \\ v_{j1} & v_{jk} & \cdots & v_{jm} \\ \cdots & \cdots & & \cdots \\ v_{r1} & v_{rk} & \cdots & v_{rm} \end{bmatrix} \tag{5.17}$$

定义隐含层每个神经元的阈值为 $\theta = (\theta_1, \cdots, \theta_k, \cdots, \theta_r)$，输

出层每个神经元的阈值为 $\gamma = (\gamma_1, \cdots, \gamma_k, \cdots, \gamma_m)$。

于是，隐含层每个神经元的输入和输出为

$$zin_j = \sum_{i=0}^{n} w_{ij} x_i - \theta_j \quad (j = 1, 2, \cdots, r) \tag{5.18}$$

$$zout_j = f(zin_j)$$

则输出层的输入和输出为

$$yin_k = \sum_{j=0}^{r} v_{jk} z_j - \gamma_k \quad (k = 1, 2, \cdots, m) \tag{5.19}$$

$$yout_k = f(yin_k)$$

其中，$f(x)$ 为激活函数，常见的激活函数有阶跃函数、分段线性函数和 Sigmoid 函数。对于 Sigmoid 函数，其一般形式如下

$$f(x) = \frac{1}{1 + \mathrm{e}^{-x}} \tag{5.20}$$

假设对输出参数的期望值为

$$d = (d_1, \cdots, d_k, \cdots, d_m) \tag{5.21}$$

定义误差函数为

$$e = \frac{1}{2} \sum_{k=1}^{m} (d_k - yout_k)^2 \tag{5.22}$$

根据网络的输出和期望输出，可以得到误差函数对输出层各神经元的偏导数 δout_k。

$$\frac{\partial e}{\partial v_{jk}} = \frac{\partial e}{\partial yin_k} \frac{\partial yin_k}{\partial v_{jk}}$$

$$\frac{\partial yin_k}{\partial v_{jk}} = \frac{\partial (\sum_{j=0}^{r} v_{jk} z_j - \gamma_k)}{\partial v_{jk}} = zout_j \tag{5.23}$$

$$\frac{\partial e}{\partial yin_k} = \frac{\partial (\frac{1}{2} \sum_{k=1}^{m} (d_k - yout_k)^2)}{\partial yin_k}$$

$$= -(d_k - yout_k) f'(yin_k) = -\delta out_k$$

接下来，根据输出层的 δout_k、隐含层到输出层的权值矩阵 $\mathbf{V}$

和隐含层的输出 $zout_j$，可以计算出误差函数对隐含层各神经元的偏导 δz_j。

$$\frac{\partial e}{\partial v_{jk}} = \frac{\partial e}{\partial yin_k} \frac{\partial yin_k}{\partial v_{jk}} = -\delta out_k \cdot zout_j$$

$$\frac{\partial e}{\partial w_{ij}} = \frac{\partial e}{\partial zin_j} \frac{\partial zin_j}{\partial w_{ij}}$$

$$\frac{\partial zin_j}{\partial w_{ij}} = \frac{\partial(\sum\limits_{i=0}^{n} w_{ij}x_i - \theta_j)}{\partial w_{ij}} = x_i$$

$$\frac{\partial e}{\partial zin_j} = \frac{\partial(\frac{1}{2}\sum\limits_{k=1}^{m}(d_k - yout_k)^2)}{\partial zout_j}\frac{\partial zout_j}{\partial zin_j} = \tag{5.24}$$

$$\frac{\partial(\frac{1}{2}\sum\limits_{k=1}^{m}(d_k - f(\sum\limits_{j=0}^{r}v_{jk}z_j - \gamma_k))^2)}{\partial zout_j}\frac{\partial zout_j}{\partial zin_j} =$$

$$-\sum\limits_{k}^{m}(d_k - yout_k)f'(\sum\limits_{j=0}^{r}v_{jk}z_j - \gamma_k)v_{jk}\frac{\partial zout_j}{\partial zin_j} =$$

$$-(\sum\limits_{k}^{m}\delta out_k v_{jk})f'(zin_j) = -\delta z_j$$

对隐含层的权值矩阵的修正为

$$\Delta v_{jk} = \eta \cdot \delta out_k \cdot zout_j \tag{5.25}$$

对输入层的权值矩阵的修正为

$$\Delta w_{ij} = \eta \cdot \delta z_j \cdot x_i \tag{5.26}$$

其中，η 为学习效率，且 $\eta \in (0,1)$。

如此，选取几组初始输入，计算全局误差，判断 BP 神经网络是否符合误差要求或者是否已经达到了最大的学习次数，如果满足就停止学习，否则选取新的初始输入，继续学习。

5.3.2 用于端面滑动摩擦温度场修正的 BP 神经网络

下面具体介绍 BP 神经网络在摩擦温度场修正时的应用。

1. 用于修正的温度边界条件

如图 5.10 所示,是模型中侧表面的若干个关键点,这些点的温度测量值都可以从热图像中获得。

摩擦过程中,上试样以一定转速旋转,点 $P4$ 和 $P5$ 的测量值实际是圆周上不同位置点的温度;本书将摩擦副简化为全轴对称模型,而在实际的热传导中,圆周上不同位置的温度波动较为剧烈,因此使用旋转上试样上的点作为修正点,可能会使计算难以收敛。

因此选择下试样上的关键点 $P1 \sim P3$ 作为修正点。其中,$P2$ 为下试样厚度的中点,$P1$ 和 $P3$ 分别距中点 2 mm。试验测量得到三点的测量温度分别记为 $T_{\text{test},1}(t)$、$T_{\text{test},2}(t)$ 和 $T_{\text{test},3}(t)$。

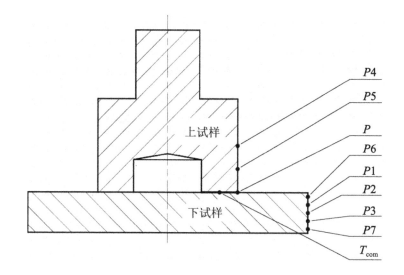

图 5.10　摩擦温度场构建及修正的温度边界条件

Fig. 5.10　Temperature boundary conditions for the construction and correction of friction temperature field

2. 用于构建 BP 神经网络训练样本的温度数据

在 5.2 节中,将滑动接触界面近似温度(P 点)数据 $T_p(t)$ 引入模型,已经实现了初步瞬态温度场的构建,可以得到 $P1 \sim P3$ 三个关键点的计算值 $T_{\text{cal},1}(t)$,$T_{\text{cal},2}(t)$ 和 $T_{\text{cal},3}(t)$;在近似温度的基础上,构造若干组温度 $T_p^n(t)$ 作为接触界面的边界条件(如采用在 $T_p(t)$ 上加随机数据的方式),则可以得到对应的三个关键点的温度 $T_{cal,1}^n(t)$、$T_{cal,2}^n(t)$ 和 $T_{cal,3}^n(t)$。将 $T_p^n(t)$ 及 $T_{cal,1}^n(t)$、$T_{cal,2}^n(t)$ 和 $T_{cal,3}^n(t)$ 作为训练样本,待网络稳定后,将测量值 $T_{test,1}(t)$、$T_{test,2}(t)$ 和 $T_{test,3}(t)$ 引入便可计算得到滑动接触界面的温度 T_{con}。

3. 用于验证分析结果的温度数据

最终,将修正得到的滑动接触界面温度 T_{con} 再次引入模型,可以得到 $P4 \sim P7$ 点的计算值 $T_{cal,4}(t) \sim T_{cal,7}(t)$,通过其与相应测量值 $T_{test,4}(t) \sim T_{test,7}(t)$ 的对比,来验证修正模型和算法的有效性和准确性。其中,$P4$ 和 $P5$ 点分别距摩擦接触界面 12 mm 和 6 mm;$P6$ 和 $P7$ 两点分别距下试样的下表面 1 mm。

4. 修正计算流程

基于上述讨论,修正计算的流程如图 5.11 所示。准备几组初始温度输入(可以在测量温度的基础上加上随机变化数值),得到初始温度场,利用这些数据训练网络至稳定,再将验证点的测量温度作为输入,便可得到接触界面的真实温度。

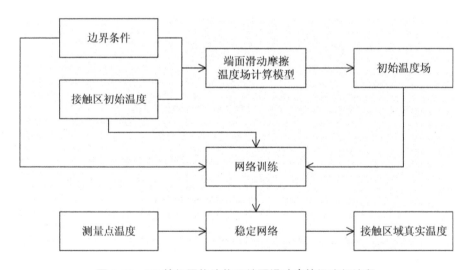

图 5.11　BP 神经网络法修正端面滑动摩擦温度场流程

Fig. 5.11　Correction flow Chart of end-face sliding temperature field using ANN-BP algorithm

5.3.3 基于 Matlab 的端面滑动摩擦温度场修正算法的实现

1. BP 神经网络工具箱

在 Matlab 及其组件 Simulink 中,提供了大量工具箱函数用于神经网络设计及分析,较为完整的神经网络模型和学习算法可以极为方便地实现神经网络的建立和分析计算,降低了编程难度[100]。其中,有关 BP 神经网络的主要工具函数如表 5.5 所示。

表 5.5 Matlab 中 BP 神经网络工具函数

Tab. 5.5 Toolbox functions for ANN-BP algorithm in Matlab

名称	功能	名称	功能
newff	创建前馈型 BP 神经网络	newcf	创建多层前馈型 BP 神经网络
newfftd	创建前馈型输入延迟 BP 神经网络	sim	对神经网络进行仿真
train	对神经网络进行训练	traingd	BP 算法的梯度下降训练
traingdm	BP 算法的动量梯度下降训练	traingda	BP 算法的变学习率梯度下降训练
traingdx	BP 算法的变学习率动量梯度下降训练	trainlm	BP 算法的 L-M 函数训练

2. 用于温度场分析的 BP 神经网络构建

根据摩擦副温度场修正模型,本书需要构建的 BP 神经网络实际上是要得到接触界面的温度值与三个验证点计算值之间的关系。因此,网络应当按照以下步骤构建和计算:

(1)按照时间历程构建滑动接触界面温度作为边界条件引入有限元模型计算。

（2）以计算得到的验证点温度数据为输入层，以构建的接触界面温度为输出层构建 BP 神经网络。

（3）训练网络至稳定。

（4）输入三个验证点的测量温度到网络，得到滑动接触界面温度。

根据一定的数据计算和尝试，本书构建了包含一个输入层、两个隐含层和一个输出层的 BP 神经网络。第一个隐含层包含 20 个节点，第二个隐含层包含 40 个节点，各层间的传输函数为"tansig"（也可以根据需要调整为"logsig"或"purelin"）。摩擦瞬态温度场是一个复杂的非线性系统，直接将数据引入模型计算，将大大增加计算难度，若输入和输出的数据差异较大，则容易引起网络预测的误差增大。因此，首先应对样本数据进行归一化处理。本书使用 Matlab 中的 mapminmax（）函数将样本归一化到 [−1,1]。之后使用 dividevec（）函数将数据顺序打乱，取出一部分数据用于训练网络，另外一部分数据用于测试网络。当网络稳定后，对结果数据进行反归一化处理，便可将测量点温度输入到该网络中实现接触界面温度的预测。

5.3.4　BP 神经网络算法的验证

在第 1 章中提到，Yang[76] 等人给定接触界面一个"真实温度"，将该初始温度计算得到的关键点温度值作为"测量值"，之后再利用共轭梯度法反推接触界面"计算温度"，通过与"真实温度"对比验证共轭梯度法的准确性。这里，不妨也利用这种"手段"验证 BP 神经网络算法。

验证使用的接触界面温度曲线如图 5.12 所示。该接触界面温度曲线是以下试样锡青铜在 400 N、400 r/min 条件下得到的接触界面近似温度为数据集，按照下面多项式拟合得到

$$T_{con}(t) = -1.064x^6 + 3.298x^5 + 0.8802x^4 - 9.31x^3$$
$$- 0.2821x^2 + 15.4x + 77.13 \qquad (5.27)$$

式中：T_{con} 为接触界面温度，单位为℃；x 是经过居中和缩放后以时间 t 为变量的函数（由于曲线复杂，需要对自变量进行处理[101]）

$$x = \frac{t - mean(t)}{std(t)} \qquad (5.28)$$

式中：t 为时间，单位为 s，且 $t \in (1, 2, \cdots, 1800]$；$mean(t)$ 为 t 的平均值；$std(t)$ 为 t 的标准偏差。

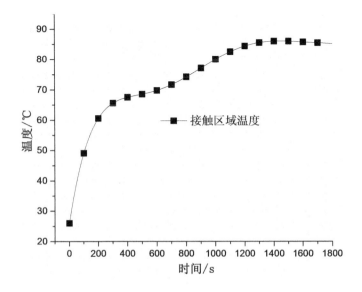

图 5.12　给定的接触界面温度

Fig. 5.12　Commond temperature of the contact interface

将该温度作为载荷边界条件引入温度场分析模型，可计算得到 $P1$、$P2$、$P3$ 三个点的温度曲线，如图 5.13 所示，假定计算得到的三点温度为"测量温度"，验证 BP 神经网络算法。

下面构造用于网络训练的样本数据。虽然可以任意产生几组随时间变化的温度曲线作为接触界面温度，并计算出三个验证点的温度数据，将这两部分作为样本进行训练，但由于滑动摩擦温度场是一个典型的非线性系统，使用随机数据将延长计算时间，增加计算难度，甚至导致计算结果收敛困难。因此不妨先假定图 5.13 所示的"测量温度"即为接触界面的"载荷"，对该"载

荷"进行平移、加上一定范围的随机数以及正弦变化的温度值等
形式,得到若干组随时间变化的接触界面温度"载荷",引入温度
场构建模型进行温度场计算,得到若干组相对应的验证点"温度
计算值",之后将若干组"温度计算值"和"载荷"引入 BP 神经网络
中进行训练,待稳定后,将"测量温度"输入模型,得到接触界面温
度的预测值。

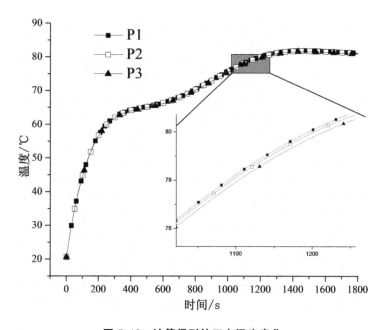

图 5.13   计算得到的三点温度变化

Fig. 5.13   Instantaneous caculated temperature of the three points

　　使用 6 组样本训练得到的接触界面预测温度与图 5.12 中的
真实温度对比如图 5.14 所示。

　　接触界面的预测温度误差虽然在摩擦初始阶段较大,但随着
摩擦时间的推移逐步收敛,300 s 之后可以发现,预测值在真值附
近微幅波动。出现这种现象的原因主要是:初始阶段,摩擦副原
有的平衡状态被打破,此时接触界面的温度变化所引起的验证点
位置温度变化非常小。以第 1 s 为例,接触界面的真实温度为
26.003℃(较初始温度升高了 5.519℃),而验证点 1 的真实温度
为 20.569℃(较初始温度仅上升了 0.085℃),此时若想缩小这个

点的误差,就需要大大降低收敛标准,这样将使后面的计算难度加大;另外,在该阶段,接触界面的温度快速升高,此时误差的积累也导致这个阶段的误差较大。

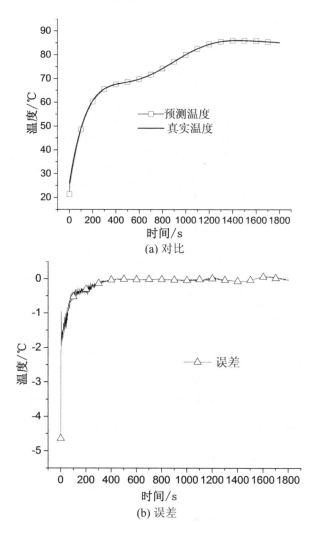

(a) 对比

(b) 误差

图 5.14　接触界面预测温度和真实温度的对比

Fig. 5.14　Comparison between predicted and real temperature on contact

值得注意的是,虽然本算法得到的接触界面温度在初始阶段误差较大,但由其计算得到的验证点温度与计算值相差很小(原因与上述相同)。因此,在下面的分析中,暂不考虑这个阶段的影响。

5.4　本章小结

本章主要完成了端面滑动摩擦副的温度场分析系统的建立和仿真验证。主要包括以下几个方面：

（1）建立了全轴对称的端面滑动摩擦温度场有限元分析模型，通过测量得到了各材料的热物理属性，并通过计算确定了摩擦副上下试样及其夹具与空气的对流换热系数；将滑动接触界面近似温度引入模型计算，对计算结果进行了初步分析。

（2）结合 VB、Matlab 和 Ansys 的 APDL 语言开发了交互界面友好的温度场分析系统，避免了对 APDL 语言的读取等操作，能快速适应本书所用摩擦副的多试验工况分析。

（3）设计了以滑动接触界面近似温度为边界条件，以下试样侧表面三个关键点的测量温度为修正条件的温度场修正模型，并构造了含有一个输入层、两个隐含层和一个输出层的 BP 神经网络用于修正计算。

（4）通过仿真计算，验证了 BP 神经网络对模型的修正效果。结果表明，虽然预测值在磨合阶段误差较大，但误差能够较快地收敛并稳定；同时，在稳定摩擦阶段其误差较小且变化稳定，证明修正模型和算法是有效的。

第6章　滑动摩擦温度场重建及应用

本章将利用测量系统开展一系列试验,检验基于实测数据的温度场修正效果;分析端面滑动摩擦温度场的演变规律及滑动接触界面温度与关键参数的关系,探索直接由测量数据获取滑动接触界面温度信息的途径。

6.1　研究试验设计

选取三种不同材料试样,在不同的定载定速条件下开展试验,获取滑动接触界面的辐射亮温、摩擦副侧表面温度和摩擦系数等信息,①根据第5章所述方法重建滑动接触界面温度场,验证其重建效果;②分析摩擦温度场演变规律,讨论滑动接触界面温度与下试样侧表面温度、载荷、转速和摩擦系数的关系,进而得到由测量数据获取接触界面温度的方法。

上试样材料为45钢,选取锡青铜、高力黄铜和铝合金为下试样材料,各材料的热物理属性如表5.2所示。所有试验均在室温下进行,试验前所有试样表面均使用120目棕刚玉砂布打磨,并涂抹含10 wt%二硫化钼的锂基润滑脂。试验条件如表6.1所示选取,试验前均先将载荷加至超过目标载荷100 N,以保证摩擦开始时润滑脂在接触界面上呈均匀分布。

表 6.1 试验条件
表 6.1 试验条件
Tab. 6.1 Experiment condition

试验条件		载荷/N		
		200	300	400
转速 /(r·min⁻¹)	300			D√
	400	A√	B√	C√
	500			E√

　　试验得到了摩擦系数,滑动接触区域的辐射亮温,P 点、$P1 \sim$ $P7$ 点的温度,由于数据较多,且部分数据差别有限,因此不便于作图;同时考虑到后文分析的需要,取摩擦至 50 s、100 s、300 s、600 s、900 s、1200 s、1500 s 和 1800 s 时的部分试验结果,列举于附录。

6.2　引入修正模型的滑动摩擦温度场重建结果讨论

　　下试样锡青铜在载荷 400 N、转速 500 r/min 条件下,其摩擦系数既在磨合阶段存在较大波动,又在稳定摩擦阶段变化平稳,能够体现一般摩擦副的摩擦规律,因此以其计算结果为例,分析模型及算法的修正效果。

　　将修正前的滑动接触界面温度,以及 $P1 \sim P3$ 的测量温度引入第 5 章中建立的构建及修正模型,可以得到如图 6.1 所示的修正结果。

　　修正后的温度曲线较修正前有所提高,这符合第 2 章中分析得到的滑动接触界面的温度分布规律:在端面摩擦接触界面上,靠近旋转中径位置的温度会略高于两侧,而摩擦接触界面最外侧的温度最低。但是该结果也与其分析有所差异,第 2 章中分析得到的接触界面上的温度虽然不相等,但是相差较小;而修正后,接触界面的平均温度比近似温度(实际上是滑动接触界面最外侧温度)提高较多。造成这种现象的原因有两个:一是热像仪取点位置是滑动接触界面的最外侧,这里会出现润滑脂,造成测量结果的误差;二是在第 2 章分析中以摩擦热流作为边界条件,会导致计算的误差。但总的来说,接触界面平均温度与最外侧温度整体上相差有限,因此使用接触界面平均温度研究端面滑动摩擦温度场是可靠的。

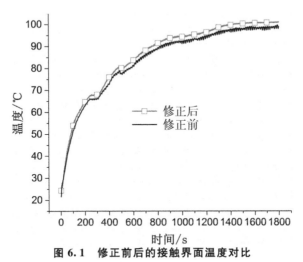

图 6.1　修正前后的接触界面温度对比

Fig. 6.1　Comparison of the temperature of contact before and after the correction

下面通过图 6.2 对比分析修正前后四个验证点(验证点按照图 5.10 选取 P4～P7 点)与测量结果的误差讨论修正效果。

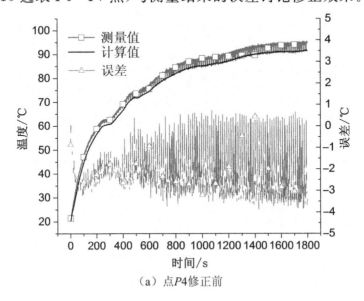

(a) 点 P4 修正前

图 6.2　BP 神经网络算法对端面摩擦温度场的修正效果

Fig. 6.2　Correction effect for end-face sliding temperature field using ANN BP algorithm

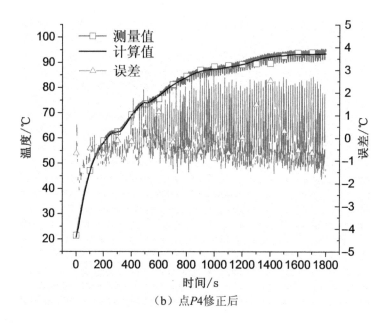

（b）点P4修正后

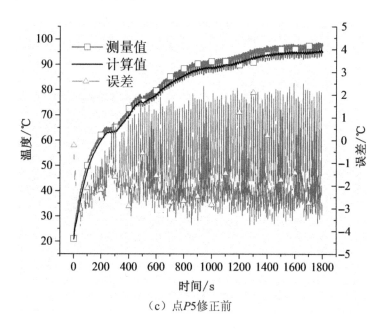

（c）点P5修正前

图 6.2 续(一)

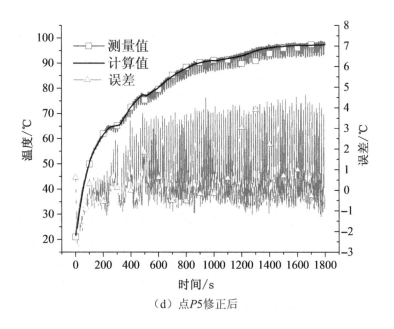

（d）点 $P5$ 修正后

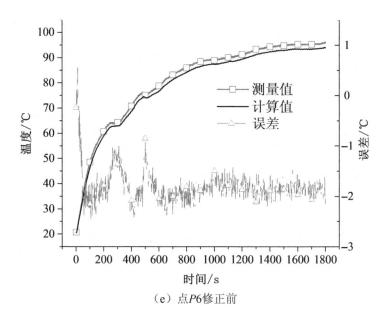

（e）点 $P6$ 修正前

图 6.2 续（二）

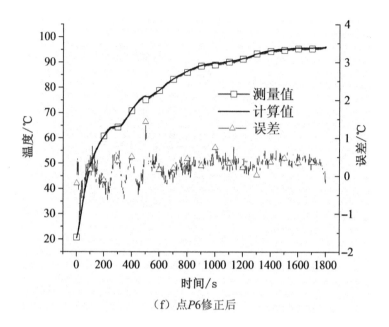

（f）点P6修正后

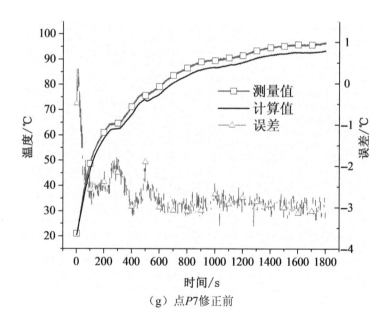

（g）点P7修正前

图6.2 续（三）

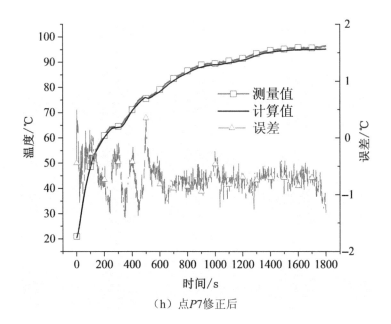

（h）点 $P7$ 修正后

图 6.2 续（四）

修正前后,点 $P4$ 和 $P5$ 的计算温度与测量值的误差始终存在较大的波动,这主要是因为:点 $P4$ 和 $P5$ 位于旋转的上试样上,测量得到的结果是一个圆周上不同位置的温度,在实际的热传导中,由于试样的结构(如上试样存在缺口)、与夹具之间的接触状态和材料非均匀性等因素,都会使传热不均匀,致使测量温度出现大的波动;而本书将模型简化为全轴对称模型,忽略了上述因素的影响。但是,从点 $P4$ 和 $P5$ 修正前后的计算温度曲线可以看出,修正前计算值基本上与测量值曲线的下缘平齐,而修正后,曲线明显上移至测量曲线的"中心"位置,这也说明修正起到了积极的作用。该结果同时表明,若使用上试样上的点作为修正点,将使修正计算难以收敛。

而对于点 $P6$ 和 $P7$,修正后的曲线则有效地向测量值"逼近",但是其在磨合阶段的误差仍然要比稳定摩擦阶段大,该现象产生的原因与前文对修正算法验证结果(图 5.14)的分析一致。

下面以点 $P6$ 为例,将三种材料在不同试验条件下修正前后的计算结果对比如图 6.3 所示。

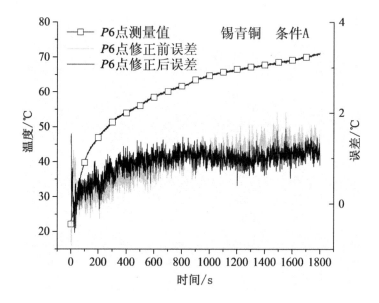

（a）锡青铜　条件 A

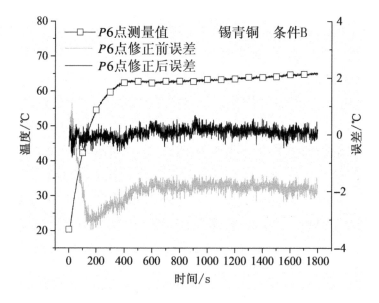

（b）锡青铜　条件 B

图 6.3　P6 点计算值的修正效果

Fig. 6.3　The correction effect of the calculation temperature on point P6

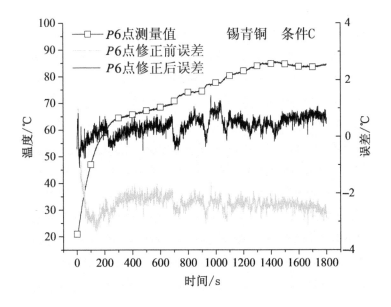

（c）锡青铜　条件 C

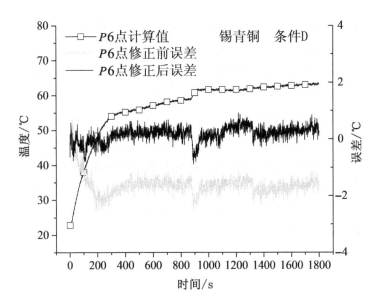

（d）锡青铜　条件 D

图 6.3（续一）

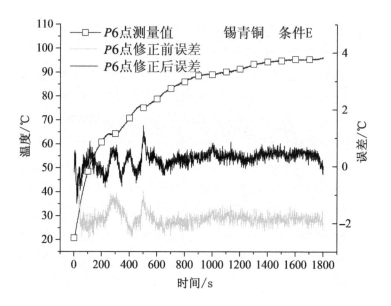

(e)锡青铜　条件 E

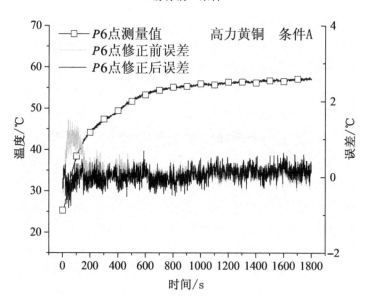

(f)高力黄铜　条件 A

图 6.3(续二)

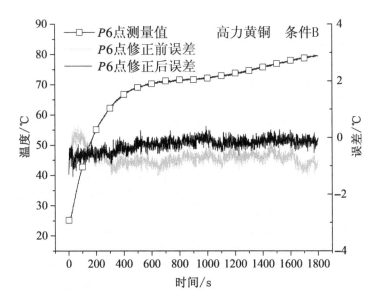

（g）高力黄铜　条件 B

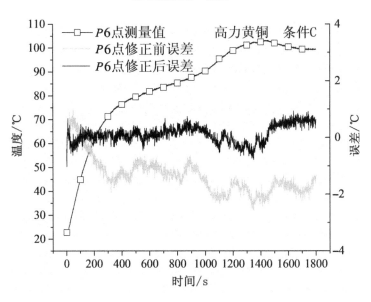

（h）高力黄铜　条件 C

图 6.3(续三)

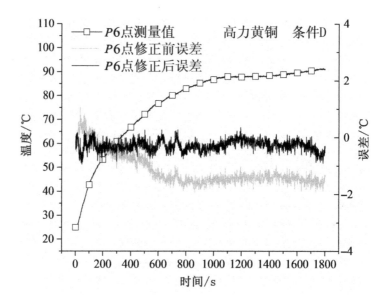

(i)高力黄铜　条件 D

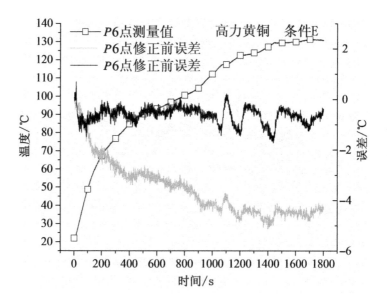

(j)高力黄铜　条件 E

图 6.3(续四)

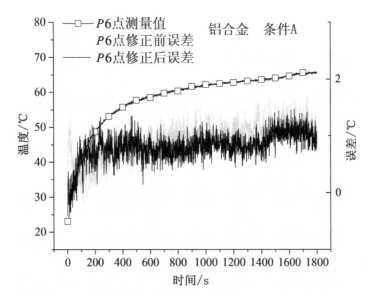

（k）铝合金　条件 A

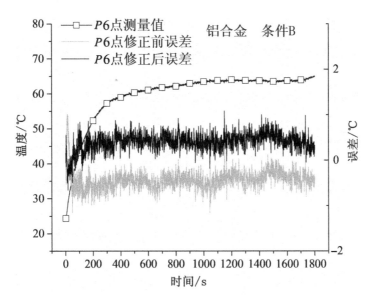

（l）铝合金　条件 B

图 6.3(续五)

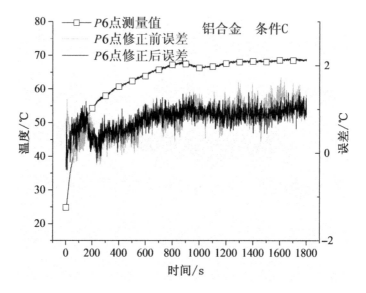

(m)铝合金　条件 C

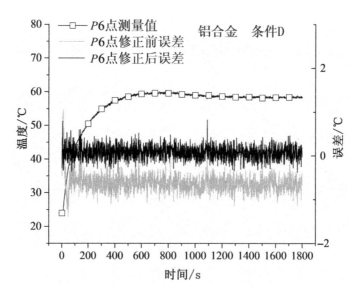

(n)铝合金　条件 D

图 6.3(续六)

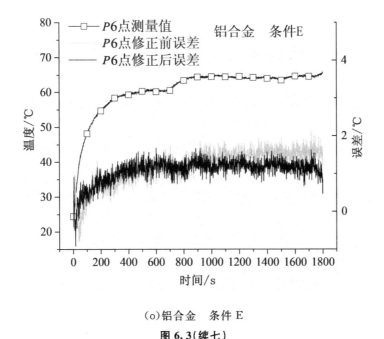

（o）铝合金　条件 E

图 6.3（续七）

Fig. 6. 3　The correction effect of the calculation temperature on point P6

　　下试样铝合金在试验条件 A 和 C 时,修正后的误差似乎并没有得到有效的降低。这两种试验条件下,修正前的误差在摩擦初始阶段都具有上升的趋势,并最终在 1℃附近稳定波动,推测其原因为:铝合金比热容大且导热系数较高,修正前的误差本来就较小,而本书为了提高修正效率和降低收敛难度,并没有设置较小的收敛条件。

　　从整体上来看,经过所建模型和算法的修正,P6 点的计算值与测量值的误差都得到了缩减。但是,当滑动接触界面温度出现突然变化时,本模型和算法的修正效果尚有不足之处,例如锡青铜在条件 D 下,900 s 左右的结果,以及高力黄铜在条件 E 下的几次波动。但在波动之后,其结果都能够快速收敛并稳定。因此,可以说该模型和算法对滑动接触界面温度的修正是有效的。

6.3　滑动摩擦瞬态温度场的演变规律

上述研究中,使用了热像仪作为摩擦副侧表面温度的测量元件,其优点是能够测量得到摩擦副侧表面的温度分布,便于取出多个位置的数据用于温度场修正和验证。但是,从摩擦磨损试验机的应用角度考虑,热像仪不便于布置,且造价昂贵。接下来通过对修正后的摩擦副温度场的演变分析,探索由其他测温元件获取摩擦副侧表面温度信息的途径。

6.3.1　温度场分布云图的演变

根据图 6.2 的分析,上试样上测温点的温度波动剧烈,并不适用于修正计算和分析,下面以下试样锡青铜在载荷 300 N、转速 400 r/min 条件为例,依据数值计算得到的温度场分析摩擦过程中温度场的演变。图 6.4 分别是计算 1 s、60 s、900 s 和 1800 s 得到的温度分布云图(全轴对称模型)。

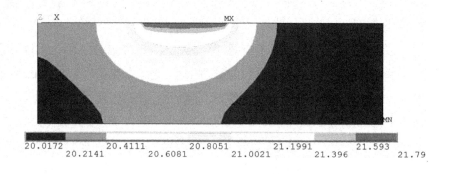

```
TIME=1
TEMP      (AVG)
RSYS=0
SMN =20.0172
SMX =21.79
```

(a)1 s

图 6.4　锡青铜在 300 N,400 r/min 下的温度场演变

Fig. 6.4　Temperature field evolution of tin bronze under condition 300 N,400 r/min

```
TIME=60
TEMP    (AVG)
RSYS=0
SMN =34.1889
SMX =38.703
```

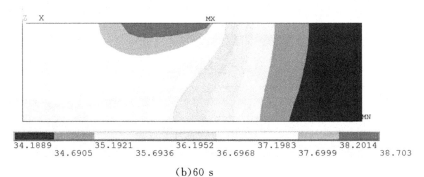

34.1889　　35.1921　　36.1952　　37.1983　　38.2014
　　34.6905　　35.6936　　36.6968　　37.6999　　38.703

(b)60 s

```
TIME=600
TEMP    (AVG)
RSYS=0
SMN =62.1976
SMX =65.626
```

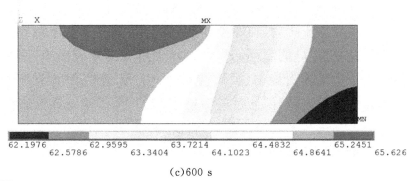

62.1976　　62.9595　　63.7214　　64.4832　　65.2451
　　62.5786　　63.3404　　64.1023　　64.8641　　65.626

(c)600 s

```
TIME=900
TEMP    (AVG)
RSYS=0
SMN =62.6076
SMX =66.113
```

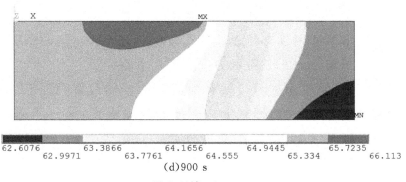

62.6076　　63.3866　　64.1656　　64.9445　　65.7235
　　62.9971　　63.7761　　64.555　　65.334　　66.113

(d)900 s

图 6.4(续一)

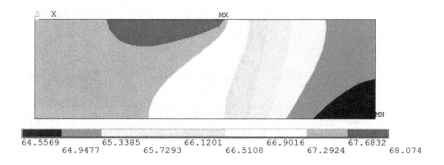

TIME=1800
TEMP   (AVG)
RSYS=0
SMN =64.5569
SMX =68.074

| 64.5569 | | 65.3385 | | 66.1201 | | 66.9016 | | 67.6832 | |
| | 64.9477 | | 65.7293 | | 66.5108 | | 67.2924 | | 68.074 |

(e)1800 s

图 6.4(续二)

从下试样的温度场云图上观察,由于摩擦副初始温度场受到接触界面的热流扰动,在摩擦初期,就形成了一个以接触界面温度高、而向四周传导的温度场。下试样上所有的外表面中,侧表面的温度分布始终较为均匀(虽然在 600 s 以后,侧表面的上半部分和下半部分存在温差,但该数值不超过 1℃),为了确定在该表面布置红外探头测量其平均温度的可行性,同时为了观测是否有更合适的测温位置,接下来对下试样内部的温度变化规律做更深入的讨论。

6.3.2 下试样内温度分布规律

1. 下试样上不同路径上的温度分布

取下试样内具有代表性的几条路径,分析其随摩擦进行的温度变化规律。图 6.5 所示为选取的几个路径。

其中,路径 a 正对接触界面旋转中径的位置,路径 b 为滑动接触界面的最外侧,路径 c 为下试样的侧表面,这三条路径的方向均为由上至下(距摩擦面由近至远);路径 d 为下试样的最上端,也就是与滑动接触界面同平面的位置,路径 e 为下试样厚度一半的位置,路径 f 为下试样的最下端,这三条路径的方向均为由左至右(据旋转中心由内至外)。

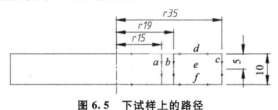

图 6.5 下试样上的路径

Fig. 6.5 Route in the lower sample

图 6.6 所示为各路径上随时间变化的温度。

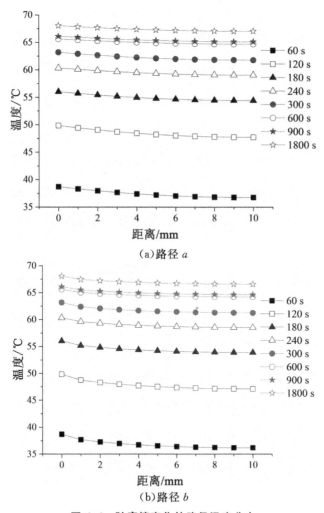

(a)路径 a

(b)路径 b

图 6.6 随摩擦变化的路径温度分布

Fig. 6.6 Temperature distribution on the route during the friction

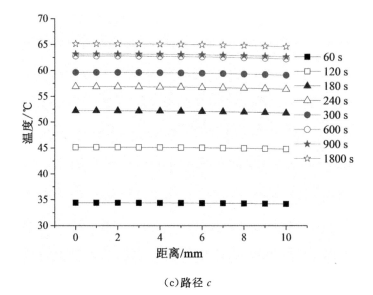

（c）路径 c

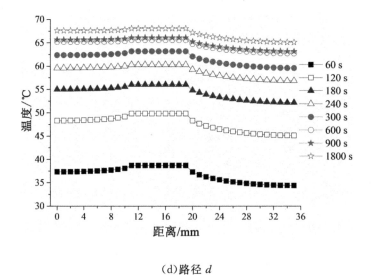

（d）路径 d

图 6.6（续一）

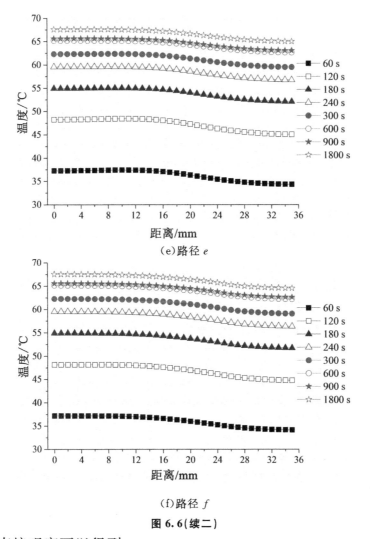

（e）路径 *e*

（f）路径 *f*

图 6.6（续二）

直接观察可以得到：

（1）从路径温度曲线随时间变化的疏密程度可以得到，随着摩擦的进行，摩擦温升速率逐渐降低。

（2）摩擦热量在接触界面产生，并向四周传导，因此越靠近滑动接触界面的位置，温度越高。

（3）在路径 *d*、*e*、*f* 上，以滑动接触界面为界限，内侧的温度整体上要高于外侧温度，这是由于上下试样在内侧形成一个密闭的小空腔，这里空气很难流动，几乎等于绝热状态；而外侧则与周围环境存在良好换热。

取上面 8 个时间点,将每个路径上最高温和最低温的温差列于表 6.2 所示。分析该表格可以得到:

(1)在摩擦进行到 120 s 时,在路径 a、b、d、e 上最高温与最低温温差(以下简称温差)较 60 s 时有所上升,这是由于摩擦初始阶段,接触界面热量急剧产生,温度快速升高,而热量向滑动接触界面远端的传导尚存在"延迟",因此温差有变大的现象;而随着摩擦的进行,系统趋向新的平衡,该温差有逐步下降并趋于稳定的趋势。

(2)在路径 c 上,温差具有缓慢增大并稳定的趋势,且该温差与路径 a 和路径 b 相比明显偏小。这是由于路径 c 距滑动接触界面较远,与空气和隔热层相连,是下试样与周围环境主要的换热面,因此其温度分布较为均匀。

(3)同样在接触界面下方的路径 a 和路径 b 上,位于滑动接触界面外侧的路径 b 的温差更大一些。这是因为 a 位于滑动接触中径位置,热量聚集且散热没有路径 b 好造成的。

(4)在路径 f 上,其温差随摩擦时间的变动很小,这是由于在该路径上,内侧与下试样夹具形成了一个密闭的小空腔,而外侧与隔热层接触,二者导热性能都较差,同时该路径距摩擦接触界面又较远,因此热量在此路径上更易达到并维持在平衡状态。

表 6.2　不同时间点在路径上的最大温差

Tab. 6.2　The max temperature difference on the route in different time

时间/s	最高温与最低温温差/℃					
	路径 a	路径 b	路径 c	路径 d	路径 e	路径 f
60	1.949	2.516	0.221	4.293	3.050	2.997
120	2.123	2.741	0.373	4.695	3.36	3.387
180	1.600	2.143	0.463	3.843	2.935	3.17
240	1.294	1.818	0.525	3.459	2.834	2.996
300	1.412	1.935	0.558	3.574	2.829	3.201
600	0.945	1.407	0.576	2.854	2.544	2.968
900	1.003	1.471	0.567	2.941	2.565	2.978
1800	1.020	1.487	0.563	2.957	2.567	2.980

可见,在该试验条件下,路径 c 上其温度分布始终都比较均匀。那么该结论是否可以拓展到别的试验条件下以及其他材料呢? 下面继续分析其他试验条件下,路径 c 上的温差。

2. 下试样侧表面最大温差分析

本书将三种材料在五种试验条件下,摩擦过程中路径 c 上的最大温差列于表 6.3。

表 6.3　摩擦过程中路径 c 上的最大温差

Tab. 6.3　The max temperature difference on toute c during friction

材料	摩擦过程中路径 c 上的最大温差/℃				
	条件 A	条件 B	条件 C	条件 D	条件 E
锡青铜	0.480	0.460	0.653	0.408	0.747
高力黄铜	0.138	0.237	0.347	0.282	0.464
铝合金	0.202	0.191	0.215	0.181	0.203

由表 6-3 可知,在摩擦过程中,下试样侧表面上(路径 c)的最大温差都很小,在 0.8℃ 以内,因此以红外探头代替热像仪获取该面上的平均温度是可行的。

6.4　滑动接触界面与下试样侧表面温差(简称温差)分析

使用前文的滑动接触界面温度获取方法,需要调用 Ansys 和 Matlab 进行计算,计算速度慢,无法在摩擦试验机上实际应用。因此接下来将探索由下试样侧表面的数据在线获取滑动接触界面温度的途径。

6.4.1 温差和摩擦系数的变化规律

观察图 6.1 的滑动接触界面温度变化曲线,以及图 6.2 中 $P6$ 和 $P7$ 点修正后的温度变化曲线,发现二者具有相似的变化趋势。因此,取前文修正后的滑动接触界面平均温度以及下试样侧表面上多个测量点的平均温度,将二者温差变化和摩擦系数(实际上也同时包含了载荷和转速两个信息)的变化绘制于图 6.7,进一步观察其变化规律。

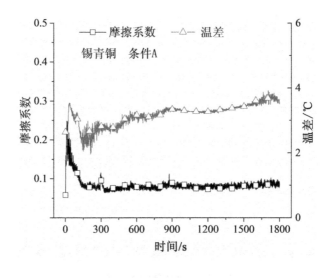

(a)锡青铜 条件 A

图 6.7 滑动接触界面与下试样侧表面温差、摩擦系数随时间的变化

Fig. 6. 7 Instantaneous friction coefficient & temperature difference between contact interface and the lateral surface of lower sample during friction

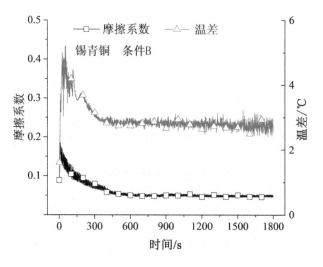

（b）锡青铜　条件 B

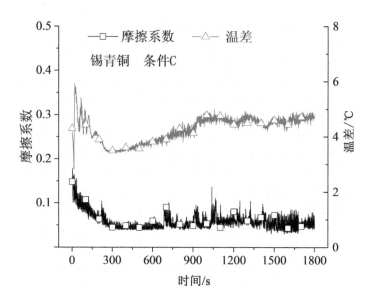

（c）锡青铜　条件 C

图 6.7(续一)

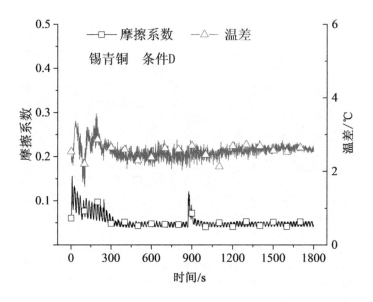

（d）锡青铜　条件 D

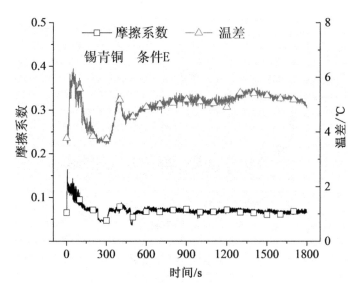

（e）锡青铜　条件 E

图 6.7（续二）

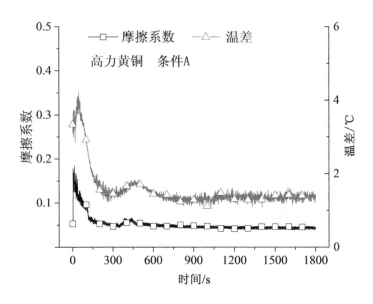

（f）高力黄铜　条件 A

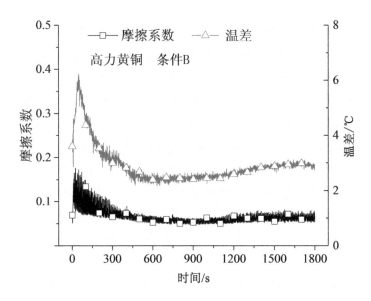

（g）高力黄铜　条件 B

图 6.7（续三）

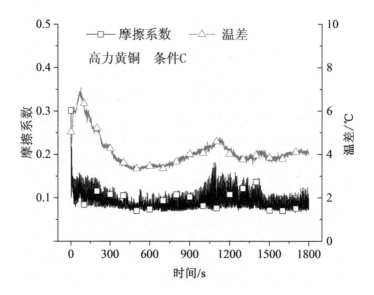

(h)高力黄铜　条件 C

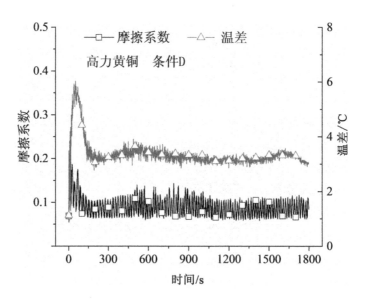

(i)高力黄铜　条件 D

图 6.7(续四)

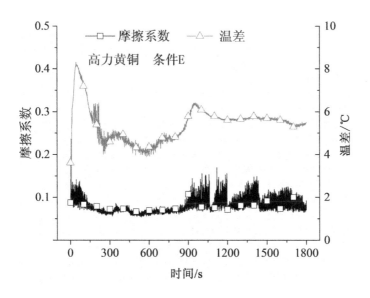

(j)高力黄铜　条件 E

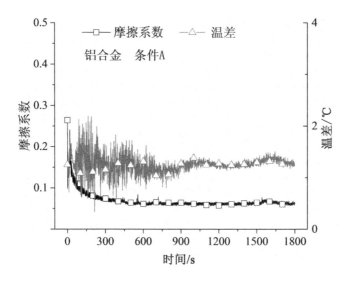

（k)铝合金　条件 A

图 6.7(续五)

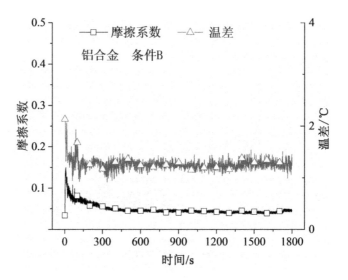

(l)铝合金　条件 B

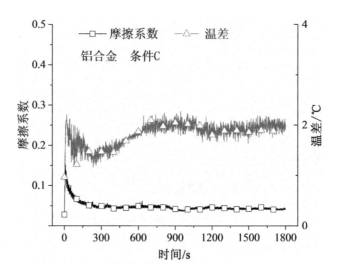

（m)铝合金　条件 C

图 6.7(续六)

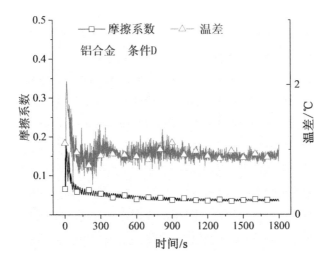

（n）铝合金 条件 D

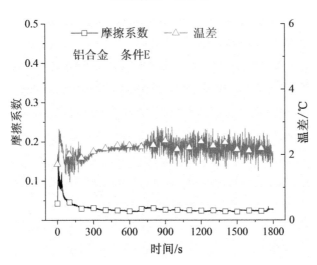

（o）铝合金 条件 E

图 6.7(续七)

三种材料在绝大多数试验条件下,随着摩擦系数趋于稳定,温差也趋于稳定,取每种材料每次试验后 900 s 的数据,将平均摩擦系数、平均温差列于表 6.4。

表 6.4　后 900 s 平均摩擦系数和平均温差(接触界面与下试样侧表面)

Tab. 6.4　Average friction coefficient and temperature difference

序号	载荷 P/N	转速 ω /(r/min)	锡青铜		高力黄铜		铝合金	
			平均摩擦系数 μ	平均温差 $\Delta T/℃$	平均摩擦系数 μ	平均温差 $\Delta T/℃$	平均摩擦系数 μ	平均温差 $\Delta T/℃$
1	200	400	0.082	3.40	0.044	1.35	0.062	1.27
2	300	400	0.049	2.78	0.060	2.74	0.042	1.25
3	400	400	0.053	4.59	0.094	4.06	0.043	1.94
4	400	300	0.047	2.57	0.085	3.19	0.037	0.91
5	400	500	0.068	5.23	0.089	5.65	0.024	2.20

6.4.2　温差的多元线性回归分析

从图 6.7 中推测,摩擦系数(定载荷、定转速试验条件下)与温差存在线性关系,因此首先以多元线性回归来探讨温差与相关参数的关系。

1. 温差的线性回归预测

实际上,该温差不仅与下试样材料的热物理属性相关(需要对不同材料分别建立回归方程),也与热量产生的多少有关,而摩擦热的产生与载荷 P、转速 ω 和摩擦系数 μ 相关,因此设温差 ΔT 与这三个因素之间存在式(6.1)所示的关系。

$$\Delta T = \alpha_0 + \alpha_1 P + \alpha_2 \omega + \alpha_3 \mu \qquad (6.1)$$

则每种材料可以得到式(6.2)所示的方程组:

$$\left. \begin{aligned} \Delta T_1 &= \alpha_0 + \alpha_1 P_1 + \alpha_2 \omega_1 + \alpha_3 \mu_1 \\ \Delta T_2 &= \alpha_0 + \alpha_1 P_2 + \alpha_2 \omega_2 + \alpha_3 \mu_2 \\ \Delta T_3 &= \alpha_0 + \alpha_1 P_3 + \alpha_2 \omega_3 + \alpha_3 \mu_3 \\ \Delta T_4 &= \alpha_0 + \alpha_1 P_4 + \alpha_2 \omega_4 + \alpha_3 \mu_4 \\ \Delta T_5 &= \alpha_0 + \alpha_1 P_5 + \alpha_2 \omega_5 + \alpha_3 \mu_5 \end{aligned} \right\} \qquad (6.2)$$

可以写作矩阵形式

$$\boldsymbol{Y} = X\alpha$$

$$\boldsymbol{Y} = \begin{pmatrix} y_1 \\ y_2 \\ y_3 \\ y_4 \\ y_5 \end{pmatrix} = \begin{pmatrix} \Delta T_1 \\ \Delta T_2 \\ \Delta T_3 \\ \Delta T_4 \\ \Delta T_5 \end{pmatrix}, \tag{6.3}$$

$$\boldsymbol{X} = \begin{pmatrix} 1 & x_{11} & x_{12} & x_{13} \\ 1 & x_{21} & x_{22} & x_{23} \\ 1 & x_{31} & x_{32} & x_{33} \\ 1 & x_{41} & x_{42} & x_{43} \\ 1 & x_{51} & x_{52} & x_{53} \end{pmatrix} = \begin{pmatrix} 1 & P_1 & \omega_1 & \mu_1 \\ 1 & P_2 & \omega_2 & \mu_2 \\ 1 & P_3 & \omega_3 & \mu_3 \\ 1 & P_4 & \omega_4 & \mu_4 \\ 1 & P_5 & \omega_5 & \mu_5 \end{pmatrix}, \boldsymbol{\alpha} = \begin{pmatrix} \alpha_0 \\ \alpha_1 \\ \alpha_2 \\ \alpha_3 \end{pmatrix}$$

按照最小二乘法,设 a_0、a_1、a_2、a_3 分别是 α_0、α_1、α_2、α_3 的最小二乘估计,则可以得到如式(6.4)所示的回归方程[102]:

$$\hat{y} = a_0 + a_1 x_1 + a_2 x_2 + a_3 x_3 \tag{6.4}$$

一般地,在多元线性回归模型中,上式可以转化为

$$\hat{y} = a_0 + a_1(x_{t1} - \overline{x_1}) + a_2(x_{t2} - \overline{x_2}) + a_3(x_{t3} - \overline{x_3})$$
$$t = 1, 2, \cdots, 5 \tag{6.5}$$

则结构矩阵变为

$$\boldsymbol{X} = \begin{pmatrix} 1 & x_{11} - \overline{x_1} & x_{12} - \overline{x_2} & x_{13} - \overline{x_3} \\ 1 & x_{21} - \overline{x_1} & x_{22} - \overline{x_2} & x_{23} - \overline{x_3} \\ 1 & x_{31} - \overline{x_1} & x_{32} - \overline{x_2} & x_{33} - \overline{x_3} \\ 1 & x_{41} - \overline{x_1} & x_{42} - \overline{x_2} & x_{43} - \overline{x_3} \\ 1 & x_{51} - \overline{x_1} & x_{52} - \overline{x_2} & x_{53} - \overline{x_3} \end{pmatrix} \tag{6.6}$$

定义:

$$l_{ij} = \sum_{t=1}^{5} x_{ti} x_{tj} - \frac{1}{5} \left(\sum_{t=1}^{5} x_{ti} \right) \left(\sum_{t=1}^{5} x_{tj} \right) i, j = 1, 2, 3 \tag{6.7}$$

$$l_{jy} = \sum_{t=1}^{5} x_{tj} y_t - \frac{1}{5} \left(\sum_{t=1}^{5} x_{tj} \right) \left(\sum_{t=1}^{5} y_t \right) j = 1, 2, 3 \tag{6.8}$$

则可以得到系数矩阵 $\boldsymbol{A}$ 和常数项矩阵 $\boldsymbol{B}$ 变为

$$A = X^\mathrm{T}X = \begin{pmatrix} 5 & 0 & 0 & 0 \\ 0 & l_{11} & l_{12} & l_{13} \\ 0 & l_{21} & l_{22} & l_{23} \\ 0 & l_{31} & l_{32} & l_{33} \end{pmatrix} = \begin{pmatrix} 5 & 0 \\ 0 & L \end{pmatrix}, B = \begin{pmatrix} \sum\limits_{t=1}^{5} y_i \\ l_{1y} \\ l_{2y} \\ l_{3y} \end{pmatrix}$$

(6.9)

最终可得

$$\left. \begin{aligned} a_0 &= \frac{1}{5}\sum_{t=1}^{5} y_t = \overline{y} \\ \begin{pmatrix} a_1 \\ a_2 \\ a_3 \end{pmatrix} &= L^{-1} \begin{pmatrix} l_{1y} \\ l_{2y} \\ l_{3y} \end{pmatrix} \end{aligned} \right\}$$

(6.10)

将表 6.4 中的数据代入计算,可以得到预测三种材料温差的回归方程为

$$\Delta \hat{T}_{锡青铜} = 0.009P + 0.009\omega + 40.526\mu - 5.43$$

$$\Delta \hat{T}_{高力黄铜} = 0.019P + 0.013\omega - 19.015\mu - 6.83 \quad (6.11)$$

$$\Delta \hat{T}_{铝合金} = 0.007P + 0.009\omega + 31.918\mu - 5.42$$

2. 回归分析的显著性和精度

回归分析的总离差平方和为

$$S = \sum_{t=1}^{5} (y_t - \overline{y}) \tag{6.12}$$

其自由度为 4。

回归平方和为

$$U = \sum_{t=1}^{5} (\overset{\wedge}{y_t} - \overline{y}) = \sum_{j=1}^{3} a_j l_{jy} \tag{6.13}$$

其自由度为 3,方差为 U/3。

残余平方和为

$$Q = \sum_{t=1}^{5} (y_t - \overset{\wedge}{y_t}) = S - U \tag{6.14}$$

其自由度为 1,方差为 Q/1。

则按照 F 检验,有

$$F = \frac{U/3}{Q} = \frac{U}{3\sigma^2} \tag{6.15}$$

则预测的精度为

$$\sigma = \sqrt{Q} \tag{6.16}$$

按照上述式子,根据表 6.4 的数据可以得到三个回归方程的方差分析,如表 6.5 所示。表 6.5 说明所得的线性回归方程已经具有较高的温差预测精度,可以认为温差与摩擦系数、载荷和转速之间呈线性关系。

表 6.5　预测温差的回归方差分析

Tab. 6.5　Regression analysis of predicted temperature difference

		锡青铜	高力黄铜	铝合金
回归	平方和 U	4.8151	10.1123	1.1455
	方差	1.6050	3.3708	0.3818
	自由度	3	3	3
残余	平方和 Q	0.5302	0.0680	5.8110e-4
	方差	0.5302	0.0680	5.8110e-4
	自由度	1	1	1
总离差	平方和 S	5.3453	10.1803	1.1461
	自由度	4	4	4
F		3.03	49.6	657.1109
显著性 a		0.01	0.01	0.01
预测精度 σ		0.7281	0.2608	0.0241

6.4.3　温差预测分析

接下来再分析实际条件下的温差预测效果。在试验条件 A～E 下,分别取不同材料摩擦 50 s、100 s、300 s、600 s、900 s、1200 s、1500 s 和 1800 s 时的预测温差 $\Delta\hat{T}$(摩擦系数见附录),及实际温差(修正后的接触界面平均温度与下试样侧表面测量值的温差)ΔT 对比于表 6.6～表 6.8 所示。

表6.6 接触界面与下试样侧表面真实温差和预测温差对比（锡青铜）

Tab. 6.6 Comparison of the real & predicted temperature difference between the contact interface and lateral surface on lower sample (tin bronze)

温度/℃

时间/s	条件 A			条件 B			条件 C			条件 D			条件 E		
	实际温差 ΔT	预测温差 $\hat{\Delta T}$	预测误差 e	实际温差 ΔT	预测温差 $\hat{\Delta T}$	预测误差 e	实际温差 ΔT	预测温差 $\hat{\Delta T}$	预测误差 e	实际温差 ΔT	预测温差 $\hat{\Delta T}$	预测误差 e	实际温差 ΔT	预测温差 $\hat{\Delta T}$	预测误差 e
50	3.329	5.81	2.48	5.18	6.73	1.55	4.20	5.29	1.09	3.17	5.49	2.32	6.28	8.16	1.88
100	3.106	5.36	2.25	4.03	5.23	1.20	4.78	6.13	1.35	2.29	4.20	1.91	5.54	6.11	0.57
300	2.686	4.13	1.44	3.10	3.85	0.75	3.45	3.96	0.51	2.54	2.99	0.45	3.71	4.60	0.89
600	3.15	2.89	-0.26	2.86	2.85	-0.01	3.76	3.46	-0.30	2.33	2.93	0.60	4.95	5.68	0.73
900	3.367	3.25	-0.12	2.85	2.95	0.10	4.28	3.72	-0.56	2.70	3.95	1.25	5.00	5.48	0.48
1200	3.28	3.45	0.17	2.97	3.00	0.03	4.60	4.16	-0.44	2.69	2.68	-0.01	5.20	5.62	0.42
1500	3.448	3.13	-0.32	2.73	3.00	0.27	4.57	4.01	-0.56	2.75	3.06	0.31	5.43	5.54	0.11
1800	3.509	3.29	-0.22	2.74	2.84	0.10	4.71	3.56	-1.15	2.59	2.75	0.16	4.88	5.36	0.48

表 6.7　接触界面与下试样侧表面真实温差和预测温差对比（高力黄铜）

Tab.6.7　Comparison of the real & predicted temperature difference between the contact interface and lateral surface on lower sample (high strength brss)

温度/℃

时间/s	条件 A			条件 B			条件 C			条件 D			条件 E		
	实际温差 ΔT	预测温差 $\hat{\Delta T}$	预测误差 e	实际温差 ΔT	预测温差 $\hat{\Delta T}$	预测误差 e	实际温差 ΔT	预测温差 $\hat{\Delta T}$	预测误差 e	实际温差 ΔT	预测温差 $\hat{\Delta T}$	预测误差 e	实际温差 ΔT	预测温差 $\hat{\Delta T}$	预测误差 e
50	3.79	-0.33	-4.12	6.17	2.58	-3.59	6.40	4.26	-2.14	5.70	2.28	-3.42	8.12	4.81	-3.31
100	3.06	0.52	-2.54	4.57	2.62	-1.95	6.36	3.97	-2.39	4.62	3.11	-1.51	7.41	5.55	-1.86
300	1.45	1.20	-0.25	3.30	2.68	-0.62	4.28	4.45	0.17	3.19	2.89	-0.30	4.72	6.11	1.39
600	1.45	1.13	-0.32	2.45	3.04	0.59	3.38	4.13	0.75	3.53	2.90	-0.63	4.10	6.08	1.98
900	1.27	1.24	-0.03	2.55	3.11	0.56	4.04	3.87	-0.17	3.19	3.36	0.17	5.79	5.88	0.09
1200	1.43	1.23	-0.20	2.56	2.98	0.42	4.08	4.22	0.14	3.03	3.24	0.21	5.63	5.98	0.35
1500	1.40	1.32	-0.08	2.79	3.02	0.23	3.79	4.34	0.55	3.21	2.91	-0.30	5.67	5.90	0.23
1800	1.44	1.24	-0.20	2.90	3.02	0.12	4.06	4.57	0.51	3.03	3.10	0.07	5.51	5.49	-0.02

表6.8 接触界面与下试样侧表面真实温差和预测温差对比（铝合金）

Tab.6.8 Comparison of the real & predicted temperature difference between the contact interface and lateral surface on lower sample (aluminium alloy)

温度/℃

时间/s	条件A			条件B			条件C			条件D			条件E		
	实际温差 ΔT	预测温差 $\hat{\Delta T}$	预测误差 e	实际温差 ΔT	预测温差 $\hat{\Delta T}$	预测误差 e	实际温差 ΔT	预测温差 $\hat{\Delta T}$	预测误差 e	实际温差 ΔT	预测温差 $\hat{\Delta T}$	预测误差 e	实际温差 ΔT	预测温差 $\hat{\Delta T}$	预测误差 e
50	1.25	3.53	2.28	1.31	2.12	0.81	1.71	3.18	1.47	1.50	3.09	1.59	2.12	3.60	1.48
100	1.56	2.16	0.60	1.40	2.29	0.89	1.54	2.52	0.98	0.81	1.52	0.71	1.91	2.92	1.01
300	1.13	1.68	0.55	1.12	1.56	0.44	1.45	2.10	0.65	1.11	1.48	0.37	2.02	2.43	0.41
600	1.24	1.27	0.03	1.28	1.47	0.19	1.80	2.00	0.20	0.95	1.00	0.05	2.30	2.13	−0.17
900	1.21	1.17	−0.04	1.23	1.40	0.17	2.16	1.84	−0.32	1.00	0.86	−0.14	2.28	2.31	0.03
1200	1.22	1.30	0.08	1.25	1.38	0.13	1.92	1.97	0.05	0.93	0.83	−0.10	2.41	2.15	−0.26
1500	1.32	1.20	−0.12	1.24	1.21	−0.03	1.95	1.92	−0.03	0.84	0.86	0.02	2.32	2.13	−0.19
1800	1.23	1.24	0.01	1.24	1.34	0.10	2.03	1.90	−0.13	1.07	0.82	−0.25	1.86	2.28	0.42

首先,第 50 s 和第 100 s 时的预测误差都较大,与表 6.5 中的预测精度不符。这是因为在磨合阶段,摩擦系数较大且波动剧烈,此时接触界面产生的大量摩擦热导致其温升剧烈,而由于"热阻"的存在,热量传至下试样侧表面并非即时的,此时温差变化与摩擦系数(定载荷和定转速)并不存在显著的线性相关性;其次,对于铝合金,多个点的预测误差都超过了线性回归方程的预测精度,出现这种现象的原因可能是:铝合金侧表面的温差较小且波动较为剧烈,而其对摩擦系数变化的敏感度较高。但该预测误差绝对值仍然较小,因此其修正结果仍然可以"接受"。

总的来说,在 300 s 之后,温差的预测误差已经较小,其绝对值基本稳定在 2℃ 以内,证明上述的线性回归方程对温差的预测是有效的。

6.4.4　端面滑动摩擦副接触界面温度获取方案

综上所述,可以给出仅使用红外探头的获取滑动接触界面温度的试验研究方案,如图 6.8 所示。

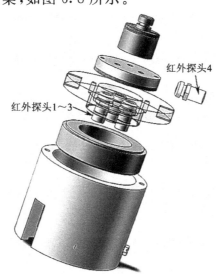

红外探头4

红外探头1～3

图 6.8　适用于摩擦磨损试验机的摩擦接触界面温度获取方案

Fig. 6.8　Scheme for the tribology tester to obtain the temperature of the sliding friction interface

针对新的材料和新的试验条件,在摩擦磨损试验机上直接获取滑动接触界面瞬态温度的具体步骤如下:

(1)设置红外探头 1～3 的采集发射率为 1,以通过下试样的通孔测量接触界面的辐射亮温;设置红外探头 4 的采集发射率为 0.95,以获取下试样侧表面的平均温度(从图 6.4 的云图上观察,探头 4 应该对准摩擦副侧表面的上半部分)。

(2)在摩擦磨损试验机上进行试验,通过红外探头 1～3 的数据判断摩擦副是否工作在正常状态下;若工作状态正常,则使用研究得到的发射率(可以取近似值)对其获得的辐射亮温进行初步修正,得到滑动接触界面的近似平均温度。

(3)将近似平均温度作为热边界条件引入模型,以红外探头 4 的温度为修正条件,按照本书所研究的修正模型和算法对近似平均温度进行修正,获得接触界面的瞬态温度。

(4)在多种条件下进行重复试验,得到接触界面温度与红外探头 4 的瞬态温差,进行多元线性回归分析,得到温差的预测方程。最终,再进行其他试验时,可以直接以红外探头 4 测量得到的温度实现对滑动接触界面平均温度的预测。

6.5　本章小结

本章检验了接触界面温度场修正的有效性和准确性;基于计算得到的摩擦副瞬态温度场,分析了锡青铜、铝合金和高力黄铜三种材料在五种试验条件下的温度场演变,讨论了滑动接触界面与载荷、转速、摩擦系数以及下试样侧表面温度的关系,并建立了其多元线性回归方程。结果表明:

(1)通过上下试样上四个点的验证,虽然在磨合阶段和接触界面温度变化剧烈时,滑动接触界面的修正结果尚有不足之处,但其误差能够快速收敛并稳定;同时,整个摩擦过程,尤其是稳定摩擦阶段,其修正结果的整体误差有所降低;因此认为,修正模型和 BP 神经网络算法能够有效地修正端面滑动摩擦温度场。

（2）沿下试样半径方向，在靠近接触界面的路径滑动接触界面内侧的温度要高于外侧温度，温差具有在摩擦初始阶段由小变大，但随即下降并趋于稳定的特点，而下试样底部的路径上温差变化较小。

（3）沿下试样厚度方向，滑动接触界面最外侧路径上的温差要大于滑动接触界面中心，且具有在摩擦初始阶段由小变大，但很快下降并趋于稳定的特点；而侧表面上的温差则有缓慢增大并趋于稳定的趋势。

（4）摩擦过程中，摩擦副下试样侧表面的温差较小，修正点的温度可以以平均温度代替，说明该面的平均温度可以使用红外探头获得。

（5）取修正后的滑动接触界面平均温度和下试样侧表面平均温度的温差，建立了其与载荷、转速和摩擦系数的多元线性回归预测方程；使用实测数据对预测方程进行了验证，结果表明在稳定摩擦阶段，可以利用该方程以下试样侧表面的平均温度预测滑动接触界面的平均温度。

最后，给出了仅使用红外探头的滑动摩擦接触界面瞬态温度的获取方案，该方案具有更强的实用性。

第7章 结论及展望

7.1 结 论

摩擦热效应会导致接触界面温度升高,并在摩擦副中形成非均匀非稳定温度场,对材料特性和摩擦副的摩擦学行为有着非常重要的影响。然而摩擦热产生及传导受到诸多因素耦合影响,且摩擦接触区域工作环境恶劣,目前很难获得精度较高的接触界面瞬态温度。

本书针对摩擦磨损试验机上使用的端面滑动摩擦副,结合红外测量和数值计算研究了含脂非高温接触界面温度的获取方法。重点对提高红外在线测温精度及温度场与载荷、转速和摩擦系数之间的关系等问题进行了深入研究。

全文主要研究内容及结论有以下几点:

(1)设计了以接触界面温度作为第一类边界条件的端面滑动摩擦温度场构建方案,和以红外探头获取接触界面辐射亮温的温度测量方案;以摩擦热流为边界条件构建了摩擦接触界面温度场,结果表明在环形接触界面上温度分布比较均匀,可以使用红外探头测量其平均值来替代多点测量;针对红外探头不能承受热冲击的特点,通过上下试样与夹具间隔热层设计,避免了热冲击对红外探头测量结果的干扰。

(2)提出了非高温区间内,含脂接触界面发射率的研究方案:结合红外热像仪测得的滑动接触界面最外侧温度和接触界面辐射亮温,获取滑动接触界面发射率,并实现对辐射亮温的初步修正。以 45 钢为上试样和锡青铜为下试样组成端面摩擦副,在含 10%重量比二硫化钼润滑脂的条件下,进行多组不同条件的试验,发射率研究结果表明,上试样接触界面的发射率在 0.88 附近波动,随着摩擦的进行,由于表面形貌的变化程度、温升速率的快慢以及表面材料和润滑膜性质的变化等因素,导致在磨合阶段,接触界面发射率骤降;而在稳定摩擦阶段,发射率缓慢上升并趋于稳定;基于滑动接触界面的发射率研究,对接触界面的辐射亮温进行了初步修正,获得了接触界面的近似温度。

(3)针对端面滑动摩擦温度场全轴对称模型,建立了温度场数值计算模型和基于 BP 神经网络算法的修正模型,并结合 VB,Matlab 和 Ansys 开发了温度场计算系统;通过仿真和试验验证了计算模型和修正算法的有效性,结果表明:虽然在磨合阶段及接触界面温度变化剧烈时,修正结果尚存在不足之处,但修正误差能快速收敛并稳定;同时,稳定摩擦阶段修正温度的整体误差有所降低。

(4)证明了摩擦过程中,下试样侧表面上修正点的温度可以用平均温度代替,且该温度可以使用红外探头获得;通过试验和计算研究了端面滑动摩擦界面平均温度与载荷、转速、摩擦系数和下试样侧表面测量温度的关系,建立了其数学模型。基于该数学模型,可以通过下试样侧表面的平均温度测量值及摩擦系数等参数直接获得滑动接触界面的平均温度,为实现端面滑动摩擦接触界面瞬态温度的在线测量奠定了基础。

7.2　创新性工作

端面摩擦磨损试验机在获取摩擦系数的同时,若能够同步获取滑动接触界面的瞬态温度信息,则可以得到更多的材料摩擦学性能。红外探头具有响应快,不易被摩擦表面状态干扰的优点,适合内置于端面滑动摩擦试验机中。为解决面测量、热冲击干

扰、非高温和表面润滑脂等对红外探头测量精度的影响,进行了深入研究并取得以下创新性成果:

(1)通过隔热结构设计,保证了滑动接触界面上温度分布均衡;避免了摩擦热对红外探头的热冲击干扰;提升了利用红外探头获取端面滑动摩擦接触界面平均辐射亮温的精度。

(2)通过试验研究,提出了一种获取含脂非高温滑动摩擦接触界面瞬态发射率的方法,实现了接触界面辐射亮温的初步修正,得到了含脂接触界面的近似温度,加快了将其引入摩擦温度场重建模型计算时的收敛速度。

(3)建立了接触界面温度与载荷、转速、摩擦系数和下试样侧表面温度的关系模型,给出了在试验机上获取接触界面温度的途径。

7.3 展望

尽管本书在端面滑动摩擦温度场的温度信息获取上做了一定的研究,但限于作者的水平及时间等因素,仍然有许多工作没有进行,延续本书的研究内容,可以考虑以下几个方面工作:

(1)本书采用实测温度数据进行温度场的重建及修正,避免了摩擦热产生、耗散、分配和接触热阻等参数的研究。在本书研究的基础上,下一步有必要对这些参数做更深入的探讨,以揭示摩擦热产生及传导的机理,更好地解释试验中出现的一些现象。

(2)进一步完成测温系统与试验机的集成,实现对摩擦状态的实时判断和接触界面瞬态温度信息的获取。

(3)基于本书的研究成果,可以针对其他摩擦形式(如直线往复摩擦副、销盘式摩擦副)展开研究,以得到获取其接触界面温度的方法。

附录 第6章部分试验结果

时间/s	摩擦系数	P点温度	P1点温度	P2点温度	P3点温度	P4点温度	P5点温度	P6点温度	P7点温度	辐射亮温
					试验结果					
锡青铜 条件A										
50	0.143	37.13	32.78	32.40	32.57	33.47	35.67	33.00	31.83	31.37
100	0.132	43.70	40.34	39.82	39.66	40.18	42.25	41.10	38.85	36.00
300	0.102	54.96	52.58	51.83	51.50	52.11	54.15	53.12	51.54	47.40
600	0.071	62.41	60.07	59.22	58.61	60.03	60.94	60.57	59.73	53.27
900	0.08	68.49	64.93	63.99	63.27	64.12	65.26	66.03	63.99	59.20
1200	0.085	71.12	68.11	67.22	66.51	66.32	69.81	68.84	67.19	62.80
1500	0.077	71.92	70.22	69.4	68.58	70.78	72.26	70.99	69.28	65.33
1800	0.081	76.53	72.57	71.77	71.24	73.03	70.56	73.61	71.12	67.80
锡青铜 条件B										
50	0.143	35.38	31.88	32.22	32.18	31.88	34.03	31.66	31.7	30.57
100	0.106	43.78	41.90	41.90	42.01	40.58	42.05	42.17	41.02	37.00
300	0.072	60.40	60.20	60.10	59.96	55.70	57.27	59.56	58.37	51.70
600	0.047	63.66	62.90	62.64	62.77	59.35	59.12	62.44	61.01	56.23
900	0.05	63.89	63.40	63.23	63.17	60.81	61.11	62.87	61.68	57.77
1200	0.051	64.71	64.05	64.05	63.40	60.07	61.88	63.63	62.41	59.63
1500	0.051	65.26	64.67	64.57	64.54	61.24	61.61	63.92	63.20	60.77
1800	0.047	65.97	65.45	65.32	65.22	62.11	62.34	64.97	63.43	61.87

时间/s	摩擦系数	P点温度	P1点温度	P2点温度	P3点温度	P4点温度	P5点温度	P6点温度	P7点温度	辐射亮温
锡青铜　条件C										
50	0.085	37.75	35.67	35.25	35.67	34.75	37.17	35.63	35.25	34.63
100	0.106	48.24	46.80	46.72	47.10	44.55	46.84	46.72	46.80	42.80
300	0.052	65.15	64.64	63.99	64.18	61.48	63.56	64.44	63.92	55.30
600	0.04	69.45	68.20	68.24	68.27	65.58	67.79	68.30	67.76	62.30
900	0.046	76.08	75.06	74.94	75.03	72.41	74.36	74.85	74.61	70.33
1200	0.057	83.84	82.34	82.31	82.22	79.50	82.36	82.02	81.76	78.50
1500	0.054	85.99	84.80	84.41	84.83	81.85	84.66	84.52	84.61	81.90
1800	0.042	85.90	84.80	84.61	84.72	82.11	84.24	84.41	84.44	83.07
锡青铜　条件D										
50	0.112	33.23	31.22	30.91	31.35	31.18	33.13	31.09	31.13	29.13
100	0.081	39.10	37.83	38.32	37.42	37.54	38.93	37.46	37.63	33.77
300	0.051	54.35	54.22	53.97	53.94	51.54	53.48	54.01	53.26	46.20
600	0.049	57.91	57.78	57.20	57.40	55.67	56.95	57.06	55.84	50.93
900	0.075	61.91	61.44	61.07	61.24	59.08	60.81	60.81	59.96	55.73
1200	0.043	62.50	61.91	62.07	62.07	59.69	61.51	61.41	60.87	57.13
1500	0.053	63.45	63.00	62.97	63.23	60.84	62.74	62.70	61.58	58.53
1800	0.045	64.25	63.63	63.95	63.46	61.71	63.20	63.33	62.41	59.93
锡青铜　条件E										
50	0.134	39.40	35.80	35.30	34.96	36.26	39.22	36.26	36.26	32.10
100	0.083	51.00	48.45	47.67	48.00	47.22	50.41	47.85	48.49	39.73
300	0.046	66.22	64.35	64.35	64.02	62.84	64.64	64.09	64.44	54.33
600	0.073	81.37	78.36	78.63	78.71	75.69	77.33	78.74	78.74	67.7
900	0.068	91.29	88.75	88.28	88.66	87.01	89.92	88.44	88.88	77.10
1200	0.071	94.67	91.36	91.22	91.09	90.00	92.13	91.19	91.60	81.67
1500	0.069	97.70	95.21	95.00	94.77	90.71	94.37	94.66	94.95	86.07
1800	0.065	98.91	96.39	95.90	96.18	94.74	97.90	95.95	96.60	88.20

时间/s	摩擦系数	P点温度	P1点温度	P2点温度	P3点温度	P4点温度	P5点温度	P6点温度	P7点温度	辐射亮温
试验结果										
高力黄铜　条件A										
50	0.128	36.92	32.14	31.79	31.79	34.28	35.63	31.96	31.83	32.30
100	0.084	42.05	38.12	37.83	37.95	39.34	40.22	38.57	38.36	36.13
300	0.048	48.86	47.25	47.25	47.4	46.57	47.82	47.33	46.91	43.57
600	0.051	54.93	53.23	53.41	53.73	51.83	53.12	53.51	53.05	49.23
900	0.045	57.47	55.42	55.39	55.84	54.26	55.32	55.77	55.14	51.67
1200	0.046	57.61	56.68	55.98	56.5	55.25	55.98	56.85	55.95	52.97
1500	0.041	58.33	56.89	56.71	57.06	55.74	56.78	57.33	56.64	54.33
1800	0.045	58.78	57.58	57.2	57.4	56.61	57.71	57.75	57.23	55.00
高力黄铜　条件B										
50	0.077	39.46	32.61	33.13	33.00	35.63	38.24	33.64	32.87	32.57
100	0.075	46.91	42.29	42.25	42.29	43.07	45.36	42.72	42.25	37.90
300	0.071	64.18	61.71	61.74	61.88	60.40	63.30	62.17	61.24	51.50
600	0.053	71.49	70.25	70.09	70.09	67.82	70.09	70.34	69.62	61.20
900	0.049	73.03	71.52	71.52	71.68	68.96	71.52	71.68	71.27	64.17
1200	0.056	74.79	73.61	73.42	73.24	71.43	73.09	73.45	73.15	66.40
1500	0.054	78.54	76.74	77.00	76.68	74.73	76.91	77.09	76.35	69.57
1800	0.054	80.90	79.07	79.24	79.15	77.48	79.53	79.42	79.04	72.30
高力黄铜　条件C										
50	0.09	39.54	33.09	32.96	33.09	36.59	38.53	32.78	33.17	33.75
100	0.105	49.89	44.93	44.82	44.59	46.38	49.41	44.86	44.59	42.80
300	0.08	73.85	71.34	71.49	71.49	69.53	72.93	71.09	71.34	63.10
600	0.097	84.83	81.82	81.76	82.02	80.26	82.31	81.85	81.53	76.65
900	0.111	90.90	87.95	88.06	87.84	86.48	86.65	87.76	87.7	84.10
1200	0.092	102.56	99.16	99.03	99.24	97.62	96.73	98.75	98.8	95.15
1500	0.086	104.04	102.24	102.24	102.29	100.13	99.6	101.81	101.73	100.5
1800	0.074	101.91	99.62	99.83	99.75	97.82	96.45	99.32	99.57	100.25

续表

时间/s	摩擦系数	P点温度	P1点温度	P2点温度	P3点温度	P4点温度	P5点温度	P6点温度	P7点温度	辐射亮温
试验结果										
高力黄铜　条件D										
50	0.128	38.57	33.39	32.96	32.96	36.59	38.28	33.34	33.43	35.50
100	0.084	47.29	42.41	43.11	42.49	44.97	46.57	43.15	42.09	42.60
300	0.096	62.64	60.77	60.57	60.30	60.30	62.44	60.60	59.15	58.25
600	0.095	79.30	77.09	76.62	76.53	74.82	76.94	76.97	74.91	72.05
900	0.071	86.90	85.17	84.94	84.44	83.16	86.2	84.86	83.22	81.95
1200	0.077	89.18	87.95	87.87	87.48	86.15	89.02	87.81	85.51	85.95
1500	0.094	91.62	88.97	88.69	88.44	86.87	89.05	88.88	86.79	88.55
1800	0.085	92.64	91.00	90.87	90.60	89.10	92.16	90.90	88.53	91.35
高力黄铜　条件E										
50	0.128	41.82	34.11	33.56	33.47	38.16	41.3	34.28	33.56	35.40
100	0.089	53.80	48.45	47.85	48.23	50.37	53.05	48.78	47.7	44.80
300	0.06	77.95	76.50	76.11	75.96	74.06	77.51	76.68	75.81	64.50
600	0.061	93.58	93.12	92.46	92.32	88.11	93.18	93.18	92.05	77.30
900	0.072	105.16	104.22	103.82	103.79	100.36	103.52	104.34	103.24	91.80
1200	0.066	124.78	122.07	121.32	121.3	116.07	120.85	122.25	120.8	107.35
1500	0.071	129.65	128.76	128.23	128.19	123.69	127.01	129.19	127.73	115.25
1800	0.092	131.11	130.55	129.65	129.65	123.91	127.88	130.73	129.02	117.15
铝合金　条件A										
50	0.133	35.88	33.73	32.90	32.57	34.71	34.75	33.90	33.69	29.47
100	0.09	42.17	40.54	39.74	39.28	41.58	41.78	40.74	40.06	33.83
300	0.075	55.11	52.76	52.01	52.54	54.40	54.47	53.01	53.73	43.70
600	0.062	60.71	59.39	58.64	57.30	60.30	60.20	58.64	59.02	50.50
900	0.059	63.59	61.84	61.17	60.67	63.07	63.13	61.17	61.34	53.50
1200	0.063	65.71	63.46	62.90	62.24	64.71	64.67	62.90	64.02	55.87
1500	0.06	65.87	65.06	64.09	63.07	66.16	65.24	64.09	63.82	57.60
1800	0.061	68.43	65.68	65.71	65.22	67.54	67.60	65.71	65.90	58.87

时间/s	摩擦系数	P 点温度	P1 点温度	P2 点温度	P3 点温度	P4 点温度	P5 点温度	P6 点温度	P7 点温度	辐射亮温
试验结果										
铝合金　条件 B										
50	0.069	36.51	35.88	36.18	36.01	33.39	33.56	36.18	35.34	31.50
100	0.074	43.50	35.88	36.18	36.01	33.39	33.56	36.18	35.34	36.00
300	0.051	57.82	42.92	43.23	43.35	39.70	40.86	42.96	42.74	47.45
600	0.048	61.78	57.68	57.64	57.19	54.72	54.19	57.23	57.09	52.80
900	0.046	63.59	61.17	61.64	61.28	59.42	59.59	61.24	61.34	55.85
1200	0.046	64.61	63.00	63.40	63.46	60.67	61.68	63.07	63.31	57.65
1500	0.04	64.35	63.82	64.14	64.64	61.71	62.77	63.89	63.80	58.30
1800	0.044	65.48	63.79	64.25	64.44	61.41	62.54	63.73	64.16	59.80
铝合金　条件 C										
50	0.082	40.22	38.77	39.42	39.30	36.84	39.78	38.85	39.05	33.40
100	0.061	47.93	45.93	47.03	46.84	44.93	47.63	46.31	46.54	38.55
300	0.048	58.91	57.68	58.02	58.33	56.33	58.67	57.95	58.16	48.75
600	0.045	65.74	64.05	64.54	64.74	62.9	65.22	64.15	64.74	56.35
900	0.04	69.84	67.54	67.66	68.43	67.51	69.12	67.63	68.33	60.40
1200	0.044	69.78	67.54	67.98	68.17	67.22	69.21	67.57	68.17	62.00
1500	0.042	70.68	68.08	68.65	68.87	68.08	70.09	68.14	68.84	63.25
1800	0.042	72.41	68.55	69.28	69.37	68.74	70.99	68.84	69.65	64.85
铝合金　条件 D										
50	0.106	38.04	37.17	37.46	37.71	33.43	36.30	37.42	37.17	32.03
100	0.056	43.97	43.15	43.78	43.58	39.74	42.05	43.50	43.11	35.67
300	0.055	55.21	54.54	54.79	54.86	50.63	52.19	54.68	54.65	44.23
600	0.04	59.96	59.05	59.52	59.49	55.53	57.78	59.42	58.74	49.67
900	0.036	59.73	58.88	59.18	59.42	55.35	58.16	59.42	58.67	51.37
1200	0.035	59.05	58.50	58.50	58.67	54.96	57.02	58.74	58.23	51.87
1500	0.036	58.78	58.23	58.54	58.16	54.93	56.50	58.33	57.89	52.33
1800	0.034	58.91	58.37	58.30	58.91	54.86	56.78	58.50	58.40	52.80

时间/s	摩擦系数	P点温度	P1点温度	P2点温度	P3点温度	P4点温度	P5点温度	P6点温度	P7点温度	辐射亮温
试验结果										
铝合金　条件E										
50	0.068	42.76	41.18	41.14	41.18	38.44	41.42	42.05	41.42	35.63
100	0.047	49.6	48.82	48.04	48.30	45.93	47.97	48.52	48.38	40.03
300	0.032	60.10	59.42	58.26	58.50	57.20	58.37	58.61	58.40	48.63
600	0.022	62.97	61.71	60.87	61.07	60.23	60.47	60.50	61.14	53.10
900	0.028	66.77	65.94	64.80	65.26	63.92	64.54	65.00	64.74	57.60
1200	0.023	66.96	65.48	65.35	64.71	63.99	64.12	64.74	65.13	58.93
1500	0.022	66.8	64.87	65.05	64.38	63.4	63.69	64.15	64.31	59.47
1800	0.027	68.58	66.19	66.77	66.32	65.39	65.48	66.00	66.19	61.13

注:1. 所有温度单位均为℃。

　　2. 辐射亮温取三个探头的平均值。

参考文献

［1］薛群基.中国摩擦学研究和应用的重要进展［J］.科技导报，2009,26(23):I0002-I0002.

［2］Majcherczak D,Dufrenoy P,Berthier Y. Tribological,thermal and mechanical coupling aspects of the dry sliding contact［J］. Tribology International,2007,40(5):834-843.

［3］龚中良，彭远征.界面温度对摩擦学过程激活机制研究［J］.润滑与密封，2014,39(4):7-10.

［4］杨建恒，张永振，邱明，等.滑动干摩擦的热机理浅析［J］.润滑与密封，2005(5)：73-176,185.

［5］A. Eleöd, L. Baillet, Y. Berthier, et al. Deformability of the near surface layer of the first body［J］. Tribology,2003,7:123-132.

［6］黄健萌，高诚辉.粗糙面变形特性对摩擦温度与接触压力的影响［J］.农业机械学报，2012,43(4):202-207.

［7］黄健萌，高诚辉，陈晶晶.热力耦合下微接触点塑性应变沿深度变化分析［J］.机械工程学报，2014(23):97-103.

［8］Bansal D G,Streator J L. On estimations of maximum and average interfacial temperature rise in sliding elliptical contacts［J］. Wear,2012,278(8):18-27.

［9］Bhushan B.摩擦学导论［M］.葛世荣,译.北京：机械工业出版社,2007:159-180.

［10］Yevtushenko A A,Kuciej M. Frictional heating during braking in a three-element tribosystem［J］. International Journal of Heat & Mass Transfer,2009,52(13):2942-2948.

[11] 主安成,高诚辉,黄健萌.制动器表面温度测试技术探讨[J].
机械制造,2005,43(11):62-65.

[12] Jung S P,Park T W,Chai J B,et al. Thermo-mechanical fi-
nite element analysis of hot judder phenomenon of a ventila-
ted disc brake system[J]. International Journal of Precision
Engineering & Manufacturing,2011,12(5):821-828.

[13] Békési N,Váradi K. Contactthermal analysis and wear sim-
ulation of a brake block[J]. Advances in Tribology,2013,
2013(3):1-7.

[14] Parente M P L,Jorge R M N,Vieira A A,et al. Experimen-
tal and numerical study on the temperature field during sur-
face grinding of a Ti-6Al-4V titanium alloy[J]. Mechanics
of Advanced Materials & Structures,2013,20(5):397-404.

[15] Aghdam A B,Khonsari M M. Prediction of wear in recipro-
cating dry sliding via dissipated energy and temperature rise
[J]. Tribology Letters,2013,50(3):365-378.

[16] Meresse D,Harmand S,Siroux M,et al. Experimental disc
heat flux identification on a reduced scale braking system u-
sing the inverse heat conduction method[J]. Applied Ther-
mal Engineering,2012,48:202-210.

[17] Tian X,Kennedy F E. Prediction and measurement of sur-
face temperature rise at the contact interface for oscillatory
sliding[J]. ARCHIVE Proceedings of the Institution of Me-
chanical Engineers Part J Journal of Engineering Tribolo-
gy,1995,209(110):41-51.

[18] Qiu M,Zhang Y Z,Shangguan B,et al. The relationships
between tribological behaviour and heat-transfer capability
of Ti-6Al-4V alloys[J]. Wear,2007,263(s 1-6):653-657.

[19] 张魁榜,韩江,张丽慧,等.基于传热反算建立磨削三维热模

型的新方法[J].中国机械工程,2013,24(18):2480-2484.

[20] 李超,方琪,张静,等.基于 LabVIEW 的动静涡旋端面摩擦温度测试系统[J].现代电子技术,2012,35(14):143-145.

[21] Tong H M,Arjavalingam G,Haynes R D,et al. High-temperature thin-film Pt-Ir thermocouple with fast time response[J]. Review of Scientific Instruments,1987,58(5):875-877.

[22] Schreck E,Fontana R E,Singh G P. Thin film thermocouple sensors for measurement of contact temperatures during slider asperity interaction on magnetic recording disks[J]. IEEE Transactions on Magnetics,1992,28(5):2548-2550.

[23] Guha D,Chowdhuri S K R. The effect of surface roughness on the temperature at the contact between sliding bodies [J]. Wear,1996,197(1):63-73.

[24] Rowe K G,Bennett A I,Krick B A,et al. In situ thermal measurements of sliding contacts[J]. Tribology International,2013,62(6):208-214.

[25] 周广丽,鄂书林,邓文渊.光纤温度传感器的研究和应用[J]. 光通信技术,2007,31(6):54-57.

[26] 王文革.辐射测温技术综述[J].宇航计测技术,2005,25(4):20-24.

[27] 贺宗琴.表面温度测量[M].北京:中国计量出版社,2009.

[28] 王华伟.基于红外热成像的温度场测量关键技术研究[D].中国科学院大学,2013.

[29] Chen X M,Wen H,Wang Q W,et al. Theresearch of industrial brake temperature measurement based on nano-materials and nano-technology[J]. Key Engineering Materials,2014,609-610:1254-1259.

[30] Abbasi S,Teimourimanesh S,Vernersson T,et al. Temperature and thermoelastic instability at tread braking using cast

iron friction material[J]. Wear,2013,314(s 1-2):171-180.

[31] Tzanakis I,Conte M,Hadfield M,et al. Experimental and analytical thermal study of PTFE composite sliding against high carbon steel as a function of the surface roughness, sliding velocity and applied load[J]. Journal of Physiology, 2013,303(s 1-2):3483-3494.

[32] Ray S. Prediction of contact surface temperature between rough sliding bodies-numerical analysis and experiments [J]. Industrial Lubrication & Tribology, 2011, 63 (5): 327-343.

[33] Wei W,Yu J W,You T,et al. Evaluation of the transient temperature distribution of end-face sliding friction pair using infrared thermometry[J]. Key Engineering Materials, 2014,613:213-218.

[34] Bennett A I,Rowe K G,Sawyer W G. Dynamic in situ measurements of frictional heating on an isolated surface protrusion[J]. Tribology Letters,2014,55(1):1-6.

[35] Rouzic J L,Reddyhoff T. Development of infrared microscopy for measuring asperity contact temperatures[J]. Journal of Tribology,2013,135(2):021504-1.

[36] Panier S,Dufrénoy P,Weichert D. An experimental investigation of hot spots in railway disc brakes[J]. Wear,2004, 256(7-8):764-773.

[37] 农万华. 基于闸片结构的列车盘形制动温度和应力的数值模拟及试验研究[D]. 大连交通大学,2012.

[38] 张振远,徐明泉,陆小健. 比色光纤高温计的结构设计综述[J]. 光纤与电缆及其应用技术,1999(2):37-41.

[39] Thevenet J, Siroux M, Desmet B. Measurements of brake disc surface temperature and emissivity by two-color pyrometry[J]. Applied Thermal Engineering, 2010, 30 (6):

753-759.

[40] Kasem H, Brunel J F, Dufrénoy P, et al. Monitoring of temperature and emissivity during successive disc revolutions in braking[J]. ARCHIVE Proceedings of the Institution of Mechanical Engineers Part J Journal of Engineering Tribology, 2012, 226(226): 748-759.

[41] Kasem H, Witz J F, Dufrénoy P, et al. Monitoring of transient phenomena in sliding contact application to friction brakes[J]. Tribology Letters, 2013, 51(2): 235-242.

[42] Kasem H, Dufrénoy P, Desplanques Y, et al. On the use of calcium fluoride as an infrared-transparent first body for in situ temperature measurements in sliding contact[J]. Tribology Letters, 2011, 42(1): 27-36..

[43] Kasem H, Brunel J F, Dufrénoy P, et al. Thermal levels and subsurface damage induced by the occurrence of hot spots during high-energy braking[J]. Wear, 2011, 270(5-6): 355-364.

[44] Kasem H, Thevenet J, Boidin X, et al. An emissivity-corrected method for the accurate radiometric measurement of transient surface temperatures during braking[J]. Tribology International, 2010, 43(10): 1823-1830.

[45] 雷泰 Raytek. 雷泰双色高温计[EB/OL]. http://www.raytek.com.cn/Raytek/zh-r0/ProductsAndAccessories/InfraredPointSensors/MarathonSeries/default.htm.

[46] 王成恩, 崔东亮, 曲蓉霞, 等. 传热与结构分析有限元法及应用[M]. 北京: 科学出版社, 2012.

[47] Blok H. Theoretical study of temperature rise at surfaces of actual contact under oiliness lubricating conditions[J]. Proc. Inst. Mech. Eng, 1937, 2: 222-235.

[48] Jaeger J C. Movingsources of heat and the temperature of

sliding contacts[J]. J. & Proc. roy. soc. new South Wales, 1942,76.

[49] Tian X,Kennedy F E,Tian X. Maximum and average flash temperatures in sliding contacts[J]. Journal of Tribology, 1994,116(1):167-174.

[50] 韩东太. 金属氧化物/尼龙 1010 复合材料热力学性能与摩擦热行为研究[D]. 中国矿业大学,2009.

[51] Scieszka S F,Zolnierz M. Experimental and numerical investigations of thermo-mechanical instability of the industrial disc brakes[J]. ARCHIVE Proceedings of the Institution of Mechanical Engineers Part J Journal of Engineering Tribology,2014,228(5):567-576.

[52] Liu Y,Barber J R. Transient heat conduction between rough sliding surfaces[J]. Tribology Letters,2014,55(1):23-33.

[53] 林谢昭,高诚辉,黄健萌. 制动工况参数对制动盘摩擦温度场分布的影响[J]. 工程设计学报,2006,13(1):45-48.

[54] Smith E H,Arnell R D. The prediction of frictional temperature increases in dry, sliding contacts between different materials[J]. Tribology Letters,2014,55(2):315-328.

[55] Smith E H,Arnell R D. A new approach to the calculation of flash temperatures in dry, sliding contacts[J]. Tribology Letters,2013,52(3):407-414.

[56] Yevtushenko A A,Kuciej M,Yevtushenko O. The asymptotic solutions of heat problem of friction for a three-element tribosystem with generalized boundary conditions on the surface of sliding[J]. International Journal of Heat & Mass Transfer,2014,70(3):128-136.

[57] Yevtushenko A A,Adamowicz A,Grzes P. Three-dimensional FE model for the calculation of temperature of a disc brake at temperature-dependent coefficients of friction[J].

International Communications in Heat & Mass Transfer, 2013,42(9):18-24.

[58] Yevtushenko A A, Grzes P. Axisymmetricfinite element model for the calculation of temperature at braking for thermosensitive materials of a pad and a disc[J]. Numerical Heat Transfer Part A Applications,2012,62(3):211-230.

[59] Yevtushenko A A, Kuciej M, Yevtushenko O. Three-element model of frictional heating during braking with contact thermal resistance and time-dependent pressure[J]. International Journal of Thermal Sciences, 2011, 50 (6): 1116-1124.

[60] Yevtushenko A A, Kuciej M. Influence of the convective cooling and the thermal resistance on the temperature of the pad/disc tribosystem[J]. International Communications in Heat & Mass Transfer,2010,37(4):337-342.

[61] Yevtushenko A A, Kuciej M, Yevtushenko O. Influence of the pressure fluctuations on the temperature in pad/disc tribosystem[J]. International Communications in Heat & Mass Transfer,2010,37(8):978-983.

[62] Coulibaly M, Chassaing G, Philippon S. Thermomechanical coupling of rough contact asperities sliding at very high velocity[J]. Tribology International,2014,77:86-96.

[63] Adamowicz A, Grzes P. Analysis of disc brake temperature distribution during single braking under non-axisymmetric load[J]. Applied Thermal Engineering,2011,31(6-7):1003-1012.

[64] Adamowicz A, Grzes P. Influence of convective cooling on a disc brake temperature distribution during repetitive braking[J]. Applied Thermal Engineering,2011,31(14):2177-2185.

[65] 黄健萌,高诚辉.弹塑性粗糙体/刚体平面滑动摩擦过程热力

耦合分析[J].机械工程学报,2011,47(11):87-92.

[66] 黄健萌,高诚辉,李友遐.粗糙表面基于 G-W 接触的三维瞬态热结构耦合[J].机械强度,2008,30(6):959-964.

[67] 杨肖,张志辉,王金田,等.仿生制动盘表面温度场与应力场的计算机模拟[J].机械工程学报,2012,48(17):121-127.

[68] 俞建卫,程清,魏巍,等.基于红外测温的面接触摩擦温度场研究[J].润滑与密封,2013,38(4):1-6.

[69] 俞建卫,魏巍,尤涛.滑动摩擦温度场的非线性分析[J].润滑与密封,2011,36(7):5-8.

[70] 魏巍,俞建卫,沈持正,等.基于试验数据的滑动摩擦温度场仿真方法研究[J].中国机械工程,2013,24(18):2426-2430.

[71] Yevtushenko A A,Grzes P. Finite element analysis of heat partition in a pad/disc brake system[J]. Numerical Heat Transfer Part A Applications An International Journal of Computation & Methodology,2011,59(7):521-542.

[72] Alifanov O M. Inverse heat transfer problems[J]. Heat Transfer Engineering,1988,1(9):715-717.

[73] 罗兆明.传热学反问题模糊推理方法的继续研究[D].重庆大学,2014.

[74] 陈宝林.最优化理论与算法[M].2 版.北京:清华大学出版社,2006.

[75] 王凌.智能优化算法及其应用[M].北京:清华大学出版社,2001.

[76] Yang Y C,Lee H L,Chen W L,et al. Estimation of thermal contact resistance and temperature distributions in the pad/disc tribosystem[J]. International Communications in Heat & Mass Transfer,2011,38(3):298-303.

[77] Yang Y C,Chen W L. A nonlinear inverse problem in estimating the heat flux of the disc in a disc brake system[J]. Applied Thermal Engineering,2011,31(14-15):2439-2448.

［78］尹延国,邢大淼,尤涛,等.基于有限元法的面接触摩擦热流分配系数反推研究［J］.摩擦学学报,2012,32(6):592-598.

［79］俞建卫,陈雄,魏巍,等.基于VC＋＋与APDL的滑动摩擦副热分析系统研究［J］.润滑与密封,2013(11):78-82.

［80］温诗铸,黄平.摩擦学原理［M］.3版.北京:清华大学出版社,2008.

［81］李奇亮.基于界面测温的面接触摩擦温度场研究［D］.合肥工业大学,2009.

［82］International A. Standard test method for determination of emittance of materials near room temperature using portable emissometers［J］. West Conshohocken, PA: www. astm. org,2004.

［83］汪中.基于模块化的摩擦磨损试验测试系统研究［D］.合肥工业大学,2010.

［84］罗振山.摩擦副红外图像信息分析及去噪研究［D］.合肥工业大学,2012.

［85］樊宏杰,刘艳芳,刘连伟,等.目标红外辐射特性测量定标方法研究［J］.激光与红外,2014(5):516-521.

［86］宋扬.光谱发射率在线测量技术研究［D］.哈尔滨工业大学,2009.

［87］全燕鸣,赵婧,黎弋平.金属切削刀具和工件的波段发射率标定［J］.机械工程学报,2009,45(12):182-186.

［88］徐昊.基于红外热像技术的高速车削加工温度测量［D］.华南理工大学,2010.

［89］刘华,夏新林,艾青,等.毫米级非均匀粗糙表面红外发射率测量［J］.工程热物理学报,2013,34(2):317-319.

［90］Gulino R, Bair S, Winer W, et al. Temperature measurement of microscopic areas within a simulated head/tape interface using infrared radiometric technique［J］. Journal of tribology,1986,108(1): 29-34.

[91] 杨立.红外热像仪测温计算与误差分析[J].红外技术,1999 (4):20-24.

[92] Siroux M,Kasem H,Thevenet J. Local temperatures evaluation on the pin-disc interface using infrared metrology[J]. International Journal of Thermal Sciences,2011,50(4):486-492.

[93] 王东,孙晓红,赵维平,等.激光闪射法测试耐火材料导热系数的原理与方法[J].计量与测试技术,2009,36(3):38-39,42.

[94] 张靖周.高等传热学[M].北京:科学出版社,2009.

[95] 邓元望.传热学[M].北京:中国水利水电出版社,2010.

[96] 王成恩.传热与结构分析有限元法及应用[M].北京:科学出版社,2012.

[97] 张红松.ANSYS 12.0 有限元分析从入门到精通[M].北京:机械工业出版社,2010.

[98] 张涛.ANSYS APDL 参数化有限元分析技术及其应用实例[M].北京:中国水利水电出版社,2013.

[99] 王春燕.基于红外热成像技术的热源反问题研究[D].苏州大学,2012.

[100] 刘冰,郭海霞.MATLAB 神经网络超级学习手册[M].北京:人民邮电出版社,2014.

[101] 周建兴.MATLAB 从入门到精通 [M].北京:人民邮电出版社,2008.

[102] 费业泰.误差理论与数据处理[M].7 版.北京:机械工业出版社,2015.